퇴근 후 30분 아빠가 구워주는 **쿠키·케이크·빵**

# 만만한 집 빵

박호근 지음

위즈덤스타일

　제가 운영하고 있는 요리 블로그 〈아빠의 부엌〉에 있는 베이킹 레시피와 글들을 모은 책이 세상에 나왔습니다. '내 이름으로 책 한 권 내면 좋겠다'는 막연한 바람이 홈베이킹을 통해 실현될 줄은 생각지도 못했지요. 그저 내 손으로 직접 아이들에게 빵과 과자를 만들어주고 싶다는 소박한 마음으로 시작한 홈베이킹이었는데 여기까지 왔습니다.

　저는 베이킹을 정식으로 배우지는 않았지만, 다른 사람들의 레시피를 참고해가면서 나만의 레시피를 찾아가고 있는 초보 홈베이커 직장인 아빠입니다. 특별한 손재주를 가진 것은 아니지만 가족과 함께하는 시간을 좀더 행복하게 보내고 싶어서 선택한 것이 바로 베이킹이었지요. 다른 아빠들도 가족을 위하는 이 마음만은 다르지 않을 거라 생각합니다. 우리 시대의 가장이라면 누구나 좋은 남편, 좋은 아빠가 되고 싶어 하지요. 다만 늘 회사일이 바쁘고 피곤한 데다 어떻게 표현해야 하는지 잘 모른다는 것이 문제라면 문제랄까요?

　그렇다면 빵 한번 구워보는 건 어떠세요? 라면 하나도 겨우 끓이는 솜씨로 어떻게 빵을 굽고 쿠키를 만드느냐고요? 겁부터 낼 필요는 없습니다. 가족을 위해 정성을 들이고 싶다는 마음만 가지고도 시작할 수 있을 만큼 쉬우면서도 가족 앞에서 으쓱 어깨를 들썩일 만큼 폼 나는 레시피들만 모았거든요.

주말에 가족들을 위해 고소한 빵을 구워 멋진 브런치를 내놓고 싶은 아빠의 마음으로 직접 만들어본 쿠키 · 케이크 · 빵 레시피 50가지를 이야기와 함께 엮었습니다. 아빠들뿐 아니라 베이킹을 처음 시작하는 분들도 부담 없이 따라할 수 있도록 마트에서 쉽게 구할 수 있는 재료와 최소한의 도구로 만드는 레시피들만 엄선했습니다.

블로그에 베이킹 레시피를 올리면서 가장 즐거웠던 순간은 저의 레시피와 이야기가 이웃들에게 작지만 소중한 도움이 될 때였습니다. 아무쪼록 부족한 점이 너무도 많은 이 책이 베이킹을 처음 시작하는 분들과 특히 의욕과 마음만은 충만한 직장인 아빠들을 즐겁고 다채롭고 오묘한 홈베이킹의 세계로 인도하는 길잡이 역할을 할 수 있다면 좋겠습니다.

언제나 저의 글에 공감해주시고 댓글 달아주시는 블로그 이웃들, 좋은 책을 만들 수 있게 도와주신 모든 분들에게 감사드리며 존경하고 사랑하는 아내 홍승옥과 보석 같은 두 딸 현서, 민서에게 이 책을 바칩니다.

– 〈아빠의 부엌〉에서 박호근

# CONTENTS

**Part II.**

# 입도 눈도 즐거운 케이크

## Part III.

## 베이킹의 진짜 매력! 빵

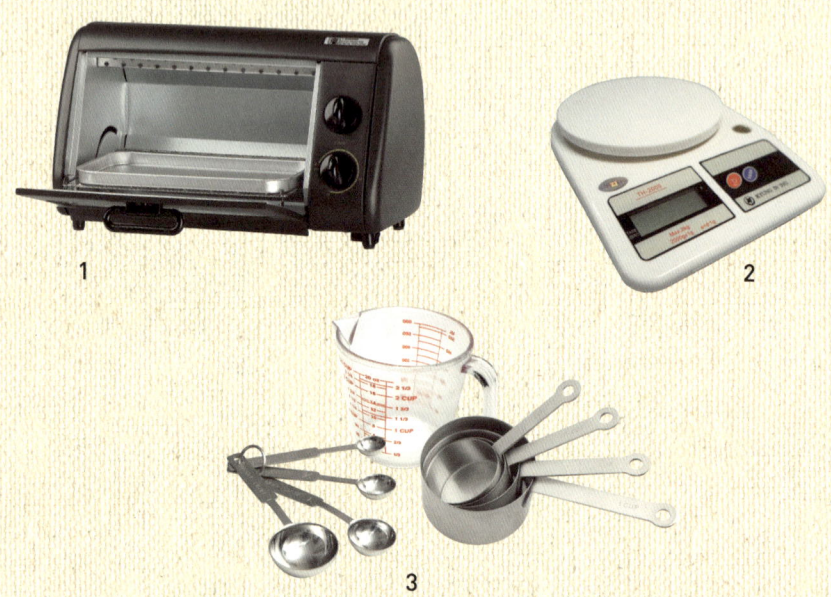

# 홈베이킹에 꼭 필요한 도구들

1

2

3

## 1. 전기 오븐

홈베이킹을 할 때 필요한 가장 기본적인 기구입니다. 마술처럼 반죽을 빵으로 변신시키죠. 간단한 홈베이킹은 저렴한 미니 전기 오븐으로도 충분히 가능합니다.

## 2. 저울

베이킹은 재료의 과학입니다. 정확한 계량이 아주 중요하지요. 각종 재료의 무게를 측정하기 위해서 저울은 필수입니다. 주방용 전자저울을 이용하면 무난합니다.

## 3. 계량스푼&컵

소량의 가루 재료나 물, 우유, 생크림 같은 액체 재료의 부피를 측정할 때 사용합니다. 계량 스푼은 한 묶음으로 된 것을 구입하면 간편합니다.

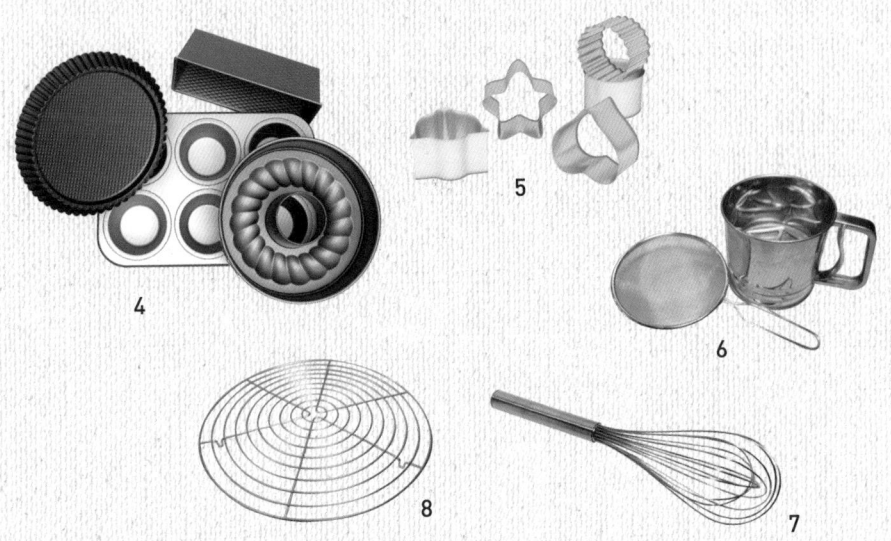

## 4. 각종 틀
빵과 케이크 등의 모양을 잡아주는 도구입니다. 기본적으로 갖추어두면 좋은 식빵 틀에서부터 케이크 틀, 머핀 틀, 마들렌 틀, 타르트 틀 등 종류가 다양합니다. 하나씩 늘려가면서 구입하는 재미가 쏠쏠하지요.

## 5. 쿠키커터
다양한 크기와 모양으로 반죽을 자르는 틀입니다. 크기도 종류도 다양한 만큼 취향대로 쿠키를 만들 수 있지요.

## 6. 체
베이킹에서 굳이 안 해도 될 것처럼 보이는 과정이 바로 밀가루를 체 치는 일입니다. 하지만 밀가루 입자 사이사이에 공기를 넣어주고 불순물을 걸러주는 역할을 하는 체가 있어야 베이킹의 결과도 좋아진답니다.

## 7. 거품기
재료를 고루 섞을 때, 거품을 낼 때, 머랭을 만들 때 꼭 필요한 도구입니다. 베이킹이 아니라 평소 음식을 할 때에도 두루 쓰여 부엌에 하나쯤은 갖추어두면 편리하지요.

## 8. 식힘망
오븐에서 갓 구워져 나왔을 때의 따뜻함이 생명인 베이킹도 있지만 잘 식히는 것이 중요한 쿠키나 케이크도 있습니다. 높이가 어느 정도 있는 것으로 고르는 것이 좋습니다.

### 9. 주걱

반죽과 재료가 잘 섞이도록 저어줄 때 사용하는 도구입니다. 실리콘 소재로 된 것을 쓰면 볼에 남아 있는 재료까지 알뜰하게 활용할 수 있습니다.

### 10. 스크래퍼

작업대에 붙어 있는 반죽 하나도 그냥 놓칠 수 없죠. 바닥에 붙은 재료를 긁어모으거나 반죽을 자를 때 유용합니다.

### 11. 스패튤러&빵칼

크림을 골고루 펴서 바를 때 쓰는 도구입니다. 한쪽 면에 톱니가 있는 것을 구입하면 빵칼로도 쓸 수 있습니다.

### 12. 붓

반죽 표면에 우유나 달걀물, 시럽 등을 바를 때 사용합니다. 베이킹뿐 아니라 평소 요리를 할 때에도 유용합니다.

### 13. 밀대

반죽을 쭉쭉 밀어서 모양을 잡을 때 필요한 도구입니다. 일반적으로 나무로 된 것을 이용합니다.

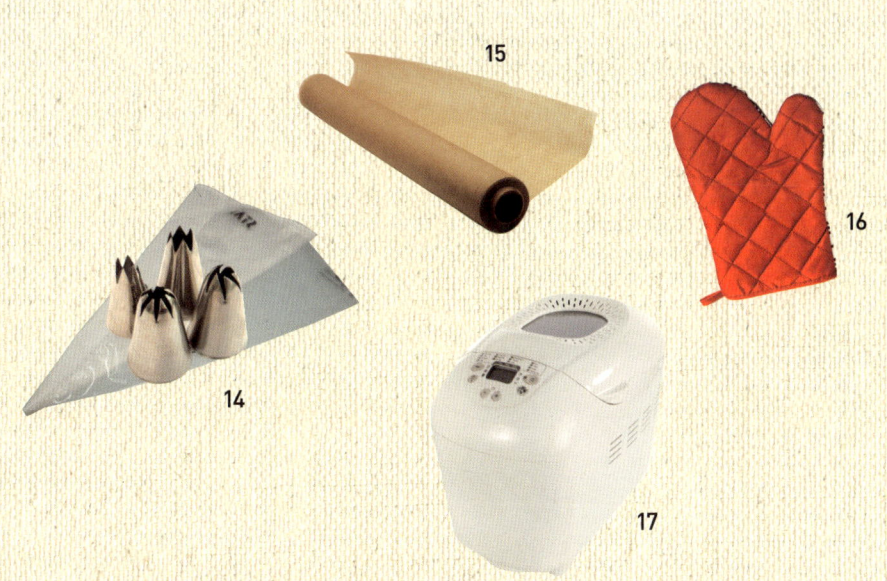

### 14. 짤주머니&깍지

크림의 모양을 내거나 쿠키 반죽을 짜거나 작은 틀에 반죽을 채워 넣을 때 사용합니다. 깍지 모양에 따라서 다양한 표현을 할 수 있습니다.

### 15. 유산지

팬이나 틀에서 베이킹의 결과물이 잘 떨어질 수 있도록 바닥에 까는 종이입니다. 베이킹 외에 구이 요리를 할 때도 유용하게 사용할 수 있습니다.

### 16. 오븐장갑

오븐에서 뜨거운 팬을 꺼낼 때 손을 보호해주는 장갑입니다. 조금 두툼한 것을 구입해야 오래 쓸 수 있습니다.

### 17. 제빵기

간단한 식빵을 구울 수 있는 기계입니다. 반죽 기능으로 반죽과 1차 발효까지 손쉽게 할 수 있습니다.

# 쉬운 것부터 해보자! 바삭 촉촉 쿠키

베이킹을 시작하지 못하고 주저하는 가장 큰 이유는 아마도 어렵다는 생각 때문일 겁니다. 물론 전문적인 지식과 기술이 필요한 분야이기는 하지만 집에서 빵이나 쿠키를 만드는 일은 아주 높은 수준을 요구하지 않으니 걱정은 접어두어도 좋습니다. 미니 오븐만으로도 누구든지 즐길 수 있지요. 처음 오븐 앞에 선 여러분을 위해 쉬운 레시피부터 소개합니다. 일단 오븐과 친해지는 것이 먼저니까요.

오독오독 과자
# 크루통

마트의 빵 코너나 동네 빵집에서 언제나 쉽게 발견할 수 있는 식빵! 가격이 저렴한 데다 한 서너 개는 그냥 집어 먹고, 달걀물을 묻혀서 토스트를 만들어 먹고, 햄과 치즈, 채소를 넣어 샌드위치도 만들어 먹으면 한 봉지는 너끈히 해치울 수 있을 것만 같으니 부담 없이 사게 되지요.

하지만 현실은 반도 못 먹고 고스란히 남긴다는 것. 빵이 주식이 아닌 우리 식탁에서 식빵 한 봉지를 유통기한 안에 다 먹기란 쉽지 않지요. 오독오독한 크루통은 그런 고민을 쉽게 해결해주는 과자입니다. 만들기도 쉬우니 금상첨화이지요.

한때 저희 작은딸은 크루통을 '오독오독 과자'라고 불렀습니다. 크루통이라는 이름을 알려줬는데도 작은딸은 왜 이 과자를 오독오독 과자라고 했을까요? 빵이든 쿠키든 다른 요리든, 아이들이 지어주는 이름이 때로는 그 결과물의 본질에 가까울 때가 많습니다. 아이들은 자기가 느끼는 대로 사물의 이름을 불러주거든요. 비록 어린아이지만 그 탁월한 직관에 가끔씩 깜짝깜짝 놀라곤 합니다.

식빵을 작은 육면체로 잘라서 구워내는 이 단순한 과자의 이름은 프랑스

식으로 부르는 크루통보다 오독오독 과자가 더 어울리는 듯합니다. '오독오독'이
라는 이름 속에는 왠지 작고 바삭하다는 느낌이 살아 있는 것 같습니다.

크루통 한 접시를 뚝딱 만들어놓으면 아이들 간식으로도 좋고 어른들 맥
주 안주로도 그만입니다. 샐러드나 수프에 고명으로 얹어 먹으면 본래 음식의 맛
을 잘 살려주죠. 밀가루 날릴 일도 없고 복잡하게 반죽할 일도 없으니 아이들과
함께 만들기도 좋습니다.

난이도 : 하
소요 시간 : 20분
분량 : 식빵 5쪽
오븐 : 180°, 15분

# 크루통 만들기

## 재료

식빵 5쪽, 올리브유 4큰술, 파슬리가루 ½큰술

## 만드는 방법

1 식빵을 취향에 맞는 크기로 자른다.
  (전 가로세로로 약 1.5cm 크기로 잘랐습니다.)

2 올리브유와 파슬리가루를 뿌린 뒤 고루 섞는다.
  (저는 풍미를 더하기 위해 바질을 담가 향을 낸 올리브유를 사용했습니다. 쓰고
  남은 바질을 올리브유에 담가 허브 오일로 만들어두었지요. 보통의 올리브유를
  사용해도 좋습니다.)

3 유산지를 깐 팬에 2를 올리고 굽는다.

 Tip

집집마다 오븐의 온도는 조금씩 차이가 있으니 오븐 사용 시간과 온도
는 적절히 조절해주세요. 크루통의 경우 표면이 연한 갈색을 띨 때 꺼
내면 됩니다.

모락모락 김이 나는 방앗간의 추억
# 가래떡과자

오븐을 하나 들여놓으면 여러모로 쓰임새가 많습니다. 간단하게는 감자
나 고구마를 구워 먹고요, 고기나 생선을 조리할 때도 편리합니다. 빵 굽는 데 주
로 쓰는 것은 두말할 나위도 없지요.

지금은 오븐을 잘 활용하지만 처음 오븐을 샀을 때에는 딱히 만들 줄 아
는 게 없었습니다. 그때 시골 부모님 댁에서 가져온 가래떡이 좀 있었는데, 겉은
바삭하고 속은 쫀득쫀득한 가래떡 구이를 생각하면서 오븐에 넣어봤지요. 그런
데 이 가래떡이 갑자기 공갈빵처럼 빵빵하게 부풀어 오르더니 바삭한 과자로 변
하는 게 아니겠어요? 그때부터 가래떡과자는 온 가족이 사랑하는 우리 집 간식
이 되었습니다.

도시에서는 마트나 동네 떡집에서 미리 만들어둔 떡을 사지만 제가 살던
시골에서는 방앗간에 가서 떡을 뽑았습니다. 설이 다가오면 가을걷이한 가장 좋
은 햅쌀을 깨끗한 물에 씻어서 잘 불려둡니다. 불린 쌀을 동네 떡 방앗간으로 가
져가면 분쇄기로 갈아서 포슬포슬한 상태로 한 김 쪄내지요. 할머니를 따라 방앗
간에 간 날에는 이 포슬포슬하고 부드러우면서도 따뜻하고 고소한 떡 한 조각을

얻어먹을 수 있었습니다.

한 번 쪄낸 떡은 절굿공이나 나무 막대기를 이용해서 가래떡을 뽑는 기계에 꾹꾹 눌러 넣어줍니다. 그러면 기계 아랫부분에 두 가닥으로 동그랗게 난 구멍으로 하얀 가래떡이 허연 김을 폴폴 날리며 미끈하게 쑥쑥 빠져나오지요. 길이를 맞춰 가위로 싹둑 잘라내면 가래떡은 찬물을 담아놓은 갈색 고무 통으로 미끄러지듯이 빠져들어가지요. 통에서 건진 가래떡은 비닐을 깐 노란 상자에 차곡차곡 담깁니다.

갓 뽑아낸 가래떡은 조청이나 간장을 찍지 않아도 충분히 고소하고 달았습니다. 게다가 따끈하기까지 했죠. 도시에 사는 사람들은 쌀을 사서 먹으니 그 쌀로 방앗간에서 가래떡을 만들어 먹는 게 큰 의미가 없지만 시골에서 농사짓는 사람들에게 직접 기른 가장 좋은 햅쌀로 조상님 차례상에 올릴 가래떡을 만드는 일은 정성을 다한다는 중요한 의미를 갖고 있습니다. 그래서 늘 떡을 할 때면 할머니께서 면 소재지에 있는 방앗간까지 직접 발걸음을 하셨지요.

우리 집 간식 가래떡과자는 역시 시골에서 농사지은 쌀로, 그 옛날 그 방앗간에서 뽑아 온 떡으로 만들 때가 제일 고소하고 맛있습니다.

난이도 : 하
소요 시간 : 30분
분량 : 오븐 팬 2개
오븐 : 220˚, 25분

# 가래떡과자 만들기

## 🎛 재료

가래떡 700g, 소금 약간

## 🥄 만드는 방법

1 가래떡이 서로 닿지 않게 간격을 두고 팬에 올린 후 취향에 따라 소금을 살짝 뿌린다.

2 15분 정도 구우면 부풀어 오르기 시작하고 10분 정도 더 구워주면 타각타각 소리를 내는데, 이때 꺼내어 식힌다.

##  Tip ·······························

가래떡은 일반적으로 시판하는 가래떡을 사용하면 됩니다. 다만 살짝 말라 약간 꾸들꾸들한 상태의 것을 써야 합니다. 너무 마르거나 냉동실에 두었던 떡은 부풀어 오르지 않습니다. 냉동실에 두었다가 물에 불린 것도 마찬가지입니다.

## 03

버터 없이 뚝딱 만드는
# 땅콩버터쿠키

베이킹을 처음 시작하는 사람들이 가장 쉽고 편하게 만들어볼 수 있는 것이 바로 쿠키인데요. 쿠키를 만들 때는 버터가 제법 많이 들어간답니다. 쿠키의 풍미는 물론이고 그 특유의 바삭거리는 식감도 버터에서 나오는 것이지요.

그래서 버터는 냉장고에 늘 구비해두어야 하는 재료이기도 합니다. 쿠키를 만들 때도 빵을 구울 때도 파이를 만들 때도 빠지지 않거든요. 그래서인지 딱히 쿠키나 빵을 만들 계획이 없더라도 냉장고에 버터가 갖춰져 있지 않으면 괜히 불안하기까지 합니다. 오랜만에 쿠키를 한번 구워보겠다고 마음먹고 냉장고 문을 활짝 열었는데 가장 중요한 버터가 없을 때의 그 허탈함이란 이루 말할 수 없죠.

막상 버터를 사러 나가보면 집 주변의 작은 슈퍼마켓에는 의외로 버터를 팔지 않는 곳이 많습니다. 냉장을 해야 하는 유제품이라 관리가 어려워서 그럴 수 있겠다 싶으면서도 내가 필요로 하는 재료를 찾지 못했을 때는 쿠키를 만들겠다는 마음마저 사라져버립니다. 동네 주변의 편의점이며 마트를 서너 군데 뒤져 버터를 사고 돌아와서는 힘이 다 빠져버려 쿠키를 못 만든 일도 있습니다.

밀가루, 설탕, 각종 부재료까지 준비했는데 가장 중요한 버터가 다 떨어져 허탈해하던 때, 냉장고 구석에서 땅콩버터를 발견했습니다. 반짝, 아이디어가 떠올랐지요. 땅콩버터로 고소한 땅콩쿠키를 만들었습니다.

땅콩버터에는 땅콩이 90퍼센트 정도 들어 있고 포도당과 식물성 기름, 식염 등이 들어 있는데 정작 버터는 들어 있지 않습니다. 버터는 없지만 땅콩버터 속에 함유된 유지만으로도 훌륭한 쿠키를 만들어낼 수 있습니다.

쿠키는 만들고 싶고 당장 버터를 구할 수는 없어 난감할 때 땅콩버터쿠키를 만들어보세요. 의외의 맛에 놀라실 겁니다.

난이도 : 중
소요 시간 : 30분
분량 : 25~30개
오븐 : 170°, 15분

## 땅콩버터쿠키 만들기

### 🥄 재료

땅콩버터 130g, 박력분 110g, 설탕 50g, 달걀 1개, 베이킹파우더 ¼작은술

### 🥄 만드는 방법

1 실온에 둔 땅콩버터에 설탕을 넣고 서걱거리는 소리가 사라질 때까지 거품기로 섞는다. → 달걀을 넣고 재빨리 젓는다.

2 체 친 박력분과 베이킹파우더를 넣고 주걱으로 자르듯이 섞은 후 반죽을 한 덩어리로 뭉쳐둔다.

3 반죽을 떼어 동그랗게 만든 다음 팬에 올려 포크로 눌러주면서 모양을 잡은 뒤 굽는다.

### 🧇 Tip

달걀을 넣어 섞이즐 때 힘이 달린다 싶으면 미리 풀어둔 뒤 넣어도 됩니다.

## 04

절대 실패할 리 없는
# 시리얼쿠키

좋은 건지 나쁜 건지 알 수는 없지만 제게는 특정한 분야에서 발동하는 이상한 승부욕이 있습니다. 아니나 다를까, 그 승부욕이 홈베이킹에서도 발휘되더군요. 상대적으로 시간적 여유가 있는 전업주부와 달리 저는 퇴근 후나 주말에만 짬을 내서 하는, 말 그대로 '파트타임 베이커'이다 보니 오븐 앞에서 빵 굽는 시간이 더 소중하게 느껴집니다.

가장 안타까운 순간은 오븐에 들어가기 직전까지의 모든 과정은 완벽하게 마무리한 것 같은데 정작 오븐에서 나온 결과물은 실패를 했을 때입니다. 제대로 배운 적도 없고 누가 가르쳐주지도 않았으니 실패할 확률이 높은 것은 당연한데, 그때 느껴지는 실망감은 정말 견디기 어렵더라고요. 그래도 기를 쓰고 자꾸 도전하는 것은 아무래도 그 이상한 승부욕 때문인가봅니다.

몇 번 빵이나 과자를 만들어본 분들은 아시겠지만 베이킹을 할 때에는 재료의 분량이나 각 과정에서 필요한 시간 등을 다른 요리에 비해 엄격하게 지켜야 합니다. 그뿐만 아니라 준비하고 만드는 시간도 1시간은 훌쩍 넘기니, 많은 정성과 노력이 필요한 일이지요. 힘든 과정을 거쳤으니 멋진 작품(!)이 나오리라

기대했는데 의도와는 전혀 다른 못난이가 나오면 실망감은 둘째 문제고 처치하기도 곤란합니다.

게다가 몇 안 되는 소비자인 가족이 외면하면 더 이상 물러설 곳이 없는데, 제 아내와 두 딸은 남편과 아빠의 가상한 노력을 더 쳐주는 관용의 미덕보다 본인들의 입맛을 느낀 대로 표현하고 행동하는 솔직함의 미덕을 갖춘 사람들이라 맛이 없으면 가차 없이 외면해버린답니다. 아빠 베이커도 맛이 없으면 승부할 수 없는 법이지요.

그럴 때 실력 없는 아빠 베이커가 기댈 수 있는 것은 바로 시판 제품입니다. 달아서 평소에는 잘 사주지 않는 시리얼로 쿠키를 만들면 시리얼이 이미 갖고 있는 달콤함과 바삭함 덕에 웬만해서는 실패하지 않지요. 인스턴트의 위대함이 아빠의 핸드메이드를 뛰어넘는 서글픈(?) 순간입니다.

난이도 : 중
소요 시간 : 1시간 30분
분량 : 15개
오븐 : 180°, 20분

# 시리얼쿠키 만들기

## ⚖ 재료

시리얼 40g, 박력분 150g, 버터 80g, 설탕 50g, 달걀 1개
(모든 재료는 미리 실온에 꺼내 준비해주세요.)

## 🥄 만드는 방법

1 실온에 둔 버터를 풀어준 뒤 설탕을 넣고 서걱거리는 소리가 사라질 때
  까지 거품기로 섞는다. → 달걀을 넣고 반죽이 걸쭉해질 때까지 젓는다.

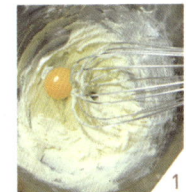

2 체 친 박력분과 시리얼을 넣고 날가루가 보이지 않을 때까지 주걱으로
  섞어준 후 냉장실에 넣고 1시간 정도 휴지시킨다.

3 적당한 크기로 반죽을 떼어내어 모양을 잡아 팬 위에 올린 후 굽는다.

## 🌽 Tip

반죽을 휴지시키는 것은 예쁘고 균일한 모양의 쿠키를 얻기 위해서입니
다. 또한 수분이 반죽에 골고루 침투해 촉촉한 쿠키를 맛볼 수 있지요.

━●━ 05 ━●━

베이킹 초보 아빠의 업그레이드

# 크랜베리땅콩쿠키

아무리 좋다는 취미도 새로 시작할 때는 망설이게 되죠. 과연 잘할 수 있을까? 싫증 내지 않고 꾸준히 할 수 있을까? 재료나 도구는 어떻게 구하지? 걱정이 한두 가지가 아닙니다.

베이킹을 처음 시작할 때 제가 꼭 그랬습니다. 요리는 좋아했지만 베이킹은 특별한 도구가 필요할 것이라는 생각에 쉽게 도전하지 못했거든요. 하지만 오븐, 저울 등 몇 가지 도구만 갖춰두면 나머지는 집에서 쓰는 주방기구만으로도 충분히 가능한 것이 홈베이킹입니다.

뭐든지 잘 모르면 어려워 보이기 마련이라 제 주변에도 도구와 장비 때문에 베이킹을 주저하는 사람들이 많습니다. 전문적인 지식이 있어야 할 것 같고 적어도 학원 정도는 다녀야 할 것 같다고 합니다.

재료만 해도 그렇습니다. 밀가루 종류도 많고, 조금 다채로운 베이킹을 하려고 하면 필요한 재료가 뭐 그리 많은지 눈이 돌아갈 지경입니다. 하지만 집에서 가장 자주 만들어 먹는 빵이나 쿠키의 경우, 밀가루(쿠키는 박력분, 빵은 강력분)를 기본으로 버터, 설탕, 달걀, 이스트 정도만 있으면 충분합니다. 간단한 재료 몇 가지만 가지고도 부담 없이 즐길 수 있지요.

오히려 처음부터 도구와 재료를 다 갖추고 시작했다가 나중에는 제대로 사용하지 못하고 묵혀두거나 중고로 처분하는 경우도 많습니다. 도구나 재료를 한꺼번에 사기보다는 만들 수 있는 빵이나 과자의 종류가 늘어날 때마다 그에 맞춰 하나씩 늘려가는 것을 추천합니다.

블로그를 통해 베이킹 재료를 어디에서 구하냐는 질문을 많이 받는데요, 요즘은 거의 모든 대형마트에 베이킹 코너가 있어서 웬만한 도구와 재료는 쉽게 구할 수 있습니다. 인터넷몰 한두 군데를 정해놓고 이용하는 것도 좋은 방법입니다.


베이킹을 처음 시작할 때는 반죽과 발효가 어려워서 쿠키에 먼저 도전하게 됩니다. 저도 밀가루, 버터, 설탕, 달걀 정도만 들어가는 단순한 쿠키를 만드는 것부터 시작했습니다. 그러다가 색다른 재료가 들어간 쿠키를 만들고 싶어 마트의 베이킹 코너를 서성이다가 붉은색이 인상적인 말린 크랜베리를 집어 들었습니다. 새콤한 맛과 쫀득쫀득한 식감이 바삭한 쿠키와 잘 어울리는 크랜베리로 쿠키를 만들고서 얼마나 흐뭇해했는지 모릅니다.

그렇게 베이킹 재료 사는 재미에 빠져 집에 다 있는 재료인데도 괜히 베이킹 코너를 기웃거리다 집어온 재료가 한두 개가 아닙니다. 냉장고에 있는 재료를 왜 또 샀냐고 아내가 잔소리를 해댑니다만 그래도 맛있는 크랜베리 쿠키 하나면 다 해결됩니다.

# 크랜베리땅콩쿠키 만들기

## 🐷 재료

크랜베리 70g, 땅콩가루 30g, 박력분 150g, 버터 90g, 설탕 60g

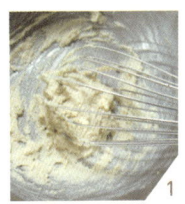

## 🥄 만드는 방법

1 실온에 둔 버터를 풀어준 뒤 설탕을 넣고 서걱거리는 소리가 사라질 때
까지 거품기로 섞는다.

2 체 친 박력분과 땅콩가루를 넣고 주걱으로 자르듯이 반죽한 뒤 크랜베
리를 넣고 섞는다.
(너무 세게 치대면 쿠키가 딱딱해져요.)

3 반죽을 원통 모양으로 말아서 유산지에 싼 후 냉장실에 넣고 1시간 정
도 휴지시킨다.
(바쁠 때에는 생략해도 큰 지장이 없습니다.)

4 약 1cm 두께로 썬 쿠키 반죽을 유산지를 깐 팬 위에 올린 후 굽는다.
(구워지는 동안 반죽이 옆으로 퍼지므로 너무 조밀하게 올리면 안 됩니다.)

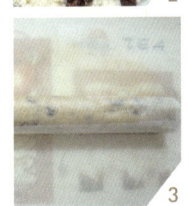

 Tip ● ● ● ● ● ● ● ● ● ● ● ● ● ● ● ● ● ● ● ● ● ● ● ● ● ● ● ● ● ● ●

오븐에서 막 꺼낸 따끈따끈한 쿠키는 바삭하지 않은 것이 보통입니다.
하지만 식혀주면 바삭바삭 단단하게 변신하지요.

**■━ 06 ━■**
영양 가득 고소한
# 호두쿠키

시골 분인 아버지는 손자가 없는 것을 못내 아쉬워하시지만 그렇다고 그걸 드러내놓고 표현하시거나 두 손녀에 대한 애정이 없는 것은 아니랍니다. 오히려 당신 아들의 딸인 두 손녀를 너무도 끔찍하게 아끼십니다. 여느 할아버지들처럼, 멀리 떨어져 있어서 자주 못 보는 손녀들을 위한 것이라면 무엇이든 해주실 준비가 되어 있으신 분이죠.

시골에서 농사지은 맛있는 과일이나 좋은 채소들은 어김없이 택배로 보내주십니다. 아들, 며느리보다는 손녀들을 위해서겠지요. 아이들이 좋아한다는 것이 시골집에 없으면 바로 묘목이나 모종을 사다가 농장 한편에 손녀들 전용으로 재배를 하십니다.

1년에 몇 번 찾아오지도 않는 손녀들이 토끼와 병아리가 예쁘다고 하니 정말 병아리와 토끼를 사다 기르시기도 했습니다. 병아리와 토끼 밥을 대느라고 고생까지 하시면서요. 그렇게 키운 닭이 자라 낳은 달걀을 가끔 시골에 갈 때마다 아이들과 같이 먹곤 했습니다.

한 번은 몸에 좋다고 해서 아이들에게 호두를 먹여보았습니다. 고소하긴 하지만 딃어서 애들 입맛에 맞지 않을 것 같았는데 의외로 잘 먹더군요. 이왕이면 좋은 것을 먹여야겠다는 생각에 아버지께 국산 호두를 부탁드렸습니다.

호두나무 묘목을 심어도 호두를 따먹을 때까지는 너무도 오랜 시간이 걸리는지라 나무 심는 것은 포기하신 아버지는 호두를 많이 재배하는 동네에 사는 지인에게 호두를 '조금' 부탁했답니다. 며칠이 지나 호두를 구해놓았다는 연락을 받고 지인의 댁으로 찾아간 아버지는 깜짝 놀라고 말았습니다.

'손녀들 조금 먹일 정도'를 생각했던 아버지 앞에 놓여 있던 것은 호두가 가득 담긴 포대자루였습니다. 무려 10킬로그램이나요. 호두과자 장사를 할 것도 아니고 무슨 호두가 10킬로그램이나 필요했을까 싶지만 평소 아버지의 통 큰 스타일을 잘 아는 지인이 10킬로그램 정도는 되어야 하지 않을까 하고 준비했던 것이었습니다.

1~2킬로그램 정도면 충분했지만, 애써 구해다 아버지의 이름까지 매직펜으로 또렷하게 써놓은 포대자루를 내밀며 아는 사람한테 파는 거라 조금 더 담았다고 뿌듯해하는 지인에게 아버지는 차마 조금만 달라고 할 수는 없었답니다. 5만 원어치면 충분할 거라 생각했던 아버지는 눈물을 머금고 거금 30만 원을 지불하고 호두를 모두 사오셨다네요.

할아버지의 지극한 손녀 사랑이 알알이 박힌 호두는 우리 집 오븐에서 쿠키로, 파이로 행복하게 구워졌답니다.

# 호두쿠키 만들기

## 🥄 재료

다진 호두 70g, 박력분 150g, 버터 80g, 설탕 70g, 달걀 1개
(모든 재료는 미리 실온에 꺼내 준비해주세요.)

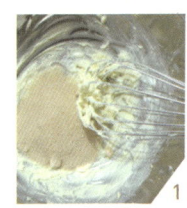

## 🥄 만드는 방법

1 실온에 둔 버터를 풀어준 뒤 설탕을 넣고 서걱거리는 소리가 사라질 때
까지 거품기로 섞는다. → 미리 풀어둔 달걀을 2~3회 나누어 넣으며
재빨리 젓는다.

2 체 친 박력분을 넣고 주걱으로 자르듯이 반죽한 뒤 다진 호두를 넣고
골고루 섞는다.

3 길쭉하게 모양을 잡은 뒤 유산지에 싸서 냉장실에 넣고 1시간 정도 휴
지시킨다.

4 약 1cm 두께로 자른 반죽을 유산지를 깐 팬에 올린 뒤 굽는다.

## 07

뜻밖의 달콤한 발견
# m&m 초코쿠키

처음에는 단순히 일상의 소중한 순간을 기록하고 싶은 마음에 블로그를 시작했습니다. 베이킹과 요리, 목공 D.I.Y.와 인테리어, 우리 아이들 이야기, 직장을 다니면서 느끼는 것들, 가족과 함께 보내는 소소한 하루하루를 블로그라는 공간에 적어나갔습니다.

누구에게 보라고 한 것도 아니고 누가 일부러 찾아와서 볼 만한 내용도 아니라는 생각에 그저 혼자 차곡차곡 채워나갔지요. 하루 방문자가 한 명도 없을 때도 있었고 어쩌다 와주신 방문객이 좋은 댓글을 달아주면 또 그게 큰 기쁨이었습니다.

그러던 블로그의 하루 방문자 수가 두 자릿수가 되고 세 자릿수가 되면서 블로그는 더 알차게 채워졌고, 나만을 위한 블로그는 어느덧 이웃들과 함께하는 공간이 되기 시작했습니다. 〈아빠의 부엌〉이라는 이름을 내건 블로그는 파워블로그 수준은 아니어도 요리 블로그로서 나름대로 자리를 잡고 있습니다.

제 블로그를 찾아주는 소중한 이웃들도 많이 알게 되었고, 온라인의 인연이 오프라인의 인연으로 연결된 경우도 꽤 됩니다. 직장생활을 하면 만나는 사람이 거의 정해져 있지만 블로그를 찾아주시는 분들은 초등학생부터 나이가 많은 어르신까지 다양하지요. 회사에서는 박 차장으로 불리고 집에서는 아이들의 아빠로, 아내의 남편으로 살고 있지만 온라인에서는 사람들이 〈아빠의 부엌〉을 운영하는 블로거 '오궁'으로 기억해줍니다.

　사람들이 왜 블로그를 하냐고 묻습니다. 취미를 좀더 깊이 있게 즐길 수 있고, 사람들과 소통할 수 있고, 또 다른 내 모습을 발견할 수 있는 것도 좋지만, 저는 무엇보다도 블로그를 통해 인생을 배울 수 있기 때문이라고 말합니다.

　대다수 블로거의 목표는 자신의 블로그가 더 많은 주목을 받는 것일 테지요. 하지만 자신의 의도대로 블로그가 움직이지 않으니 유명 블로거가 되는 것이 어려운 것은 당연합니다.

　심혈을 기울여 사진을 찍고 글을 써서 올린 포스팅에 대해 이웃들의 반응이 냉담할 때가 있는가 하면 아이들과 뚝딱 만들어서 대수롭지 않게 올린 'm&m 초코쿠키 만들기' 같은 포스팅이 포털사이트의 메인 화면에 소개되어 수십만 명이 블로그를 다녀가는 경우도 있습니다.

　되돌아보니 수많은 부침을 겪으면서도 제 블로그가 자리 잡을 수 있었던 것은 꾸준함 덕분이 아닌가 하는 생각이 듭니다. 방문자 수가 적다고 조바심 내지 않고 제 호흡대로 하나둘씩 글을 올리다 보니 블로그가 어느새 처음 시작했던 때보다 훨씬 더 커져 있었던 것이지요.

　늘 조바심 내며 빨리 뭔가를 이루려고 했던 저에게 블로그는 '인생에서 중요한 것은 속도가 아니라 방향'이라는 누군가의 말을 가슴 깊이 새기게 해주었습니다.

난이도 : 중
소요 시간 : 1시간 30분
분량 : 20개
오븐 : 180°, 15분

# m&m초코쿠키 만들기

### 🍯 재료

m&m 초콜릿 50g, 코코아가루 20g, 박력분 100g, 버터 80g, 설탕 50g, 달걀 1개, 베이킹파우더 ½작은술, 소금 2g

### 🥄 만드는 방법

1 실온에 둔 버터를 풀어준 뒤 설탕을 넣고 서걱거리는 소리가 사라질 때까지 거품기로 섞는다. → 달걀을 넣고 버터와 잘 섞이도록 젓는다.

2 체 친 박력분과 코코아가루, 베이킹파우더, 소금을 넣어 반죽한 후 냉장실에 넣고 1시간 정도 휴지시킨다.

3 적당한 크기로 동그랗게 빚은 반죽을 팬 위에 놓고 납작하게 누른다. → 반죽 위에 m&m 초콜릿을 올린 후 굽는다.

 **Tip** ● ● ● ● ● ● ● ● ● ● ● ● ● ● ● ● ● ● ● ● ● ● ●

코코아가루와 박력분의 비율은 1:5 정도면 충분합니다만 진한 맛을 느끼고 싶다면 코코아가루의 비율을 늘려주세요.

08

아빠의 에너지 딸들을 위한 선물

# 달걀과자

딩동.

"아빠다!"

"아빠, 다녀오셨어요?"

"아빠, 오늘은 일찍 왔네요?"

"아빠 일찍 오니까 좋다."

열 살, 일곱 살 난 두 딸은 제 삶의 에너지입니다. 오랜만에 아빠가 집에 일찍 들어오는 날은 이산가족 상봉이라도 한 듯 펄쩍펄쩍 뛰며 좋아하지요.

회사만큼 가족도 소중하게 여기는 사회적 분위기가 조금씩 생겨나고 있긴 하지만 여전히 회사 일이 많은 주중에는 아이들이 깨어 있는 시간에 귀가하는 날이 많지 않습니다. 퇴근하고 집에 오면 대개는 아이들이 자고 있지요. 어쩌다 집에 일찍 오는 날에는 아이들에게 아빠 노릇을 제대로 해보기 위해 이것저것 하려고 제 나름대로 애를 씁니다. 책을 읽어주기도 하고 같이 놀기도 하지요.

물론 아이들은 역시 아이들답게 책이나 놀이만큼 과자를 좋아합니다. 부모 입장에서는 안 먹일수록 좋다고 생각하지만 어른들이 술을 끊지 못하는 것처럼 아이들에게도 과자는 피할 수 없는 유혹입니다.

"아빠"

"응?"

"과자 하나만 사주면 안 돼요?"

"너무 늦었어. 잘 시간도 다 되었고, 밤에 과자를 먹는 건 별로 안 좋아."

"그래도요. 아빠~"

"어떤 과자가 먹고 싶은데?"

"달걀과자요. 학교에서 친구들이랑 먹었는데 맛있어서 또 먹고 싶어요."

딸들이 이런 식으로 애교를 부리는데 당해낼 아빠는 많지 않겠죠.

"좋아. 그 대신 아빠가 만들어줄게. 자고 일어나면 내일 아침 식탁 위에 달걀과자가 있을 거다. 알겠지?"

퇴근 후 몸은 피곤하지만 약속은 약속이니 아빠표 달걀과자를 후다닥 만들어봅니다. 만들기 쉬운 달걀과자이니 그나마 얼마나 다행이에요. 케이크라도 만들어달라고 했으면……. 휴.

다음 날 아침, 우리 딸들은 달걀과자를 먼저 먹었을까요? 밥을 먼저 먹었을까요?

## 달걀과자 만들기

### 재료

달걀 2개, 박력분 100g, 버터 60g, 설탕 60g, 베이킹파우더 ½작은술

### 만드는 방법

1 실온에 둔 버터에 설탕을 넣고 서걱거리는 소리가 사라질 때까지 거품
기로 섞는다. → 달걀을 2~3회 나누어 넣으며 빠르게 젓는다.
(달걀을 한꺼번에 다 넣어버리면 버터와 달걀이 잘 섞이지 않아요.)

2 체 친 박력분과 베이킹파우더를 넣고 골고루 섞어준다.
(체 치는 과정을 거쳐야 과자가 더 부드러워집니다. 반죽을 섞을 때 너무 치대면
과자가 딱딱해지니 주의하세요.)

3 반죽을 짤주머니에 넣고 팬 위에 2.5cm 정도의 크기로 살살 돌려 짠
뒤 굽는다.
(동그랗게 말린 모양대로 구워지는 것이 아니라 오븐의 열로 녹아서 평평해지
니 모양은 너무 걱정 안 해도 됩니다.)

 Tip

보통 냉장 보관하는 버터를 실온에 꺼내놓고 녹기를 기다리자면 시간
이 좀 걸립니다. 그럴 때는 예열된 오븐에 잠시 넣었다가 꺼내보세요.
단 녹아서 액체 상태가 되기 전에 꺼내야 합니다.

## 09

아빠의 추억 과자
# 버터링쿠키

버터링쿠키를 볼 때마다 친구 H가 생각납니다.

저와 당시 제 여자친구였던 아내 그리고 H, 우리 셋은 모두 지방 출신이라 대학교 1학년 때부터 기숙사 생활을 했습니다. 수강하는 과목이 거의 비슷했던 우리는 학교와 기숙사를 오가며 자주 만났지요.

기숙사생들의 아지트는 다름 아닌 매점. 아직 고등학생 태를 못 벗고 시골 촌티를 풍기던 아이들에게는 술보다 매점에서 파는 과자와 음료수, 아이스크림이 더 좋았지요. 매점에서 삼삼오오 만날 때, H는 늘 버터링쿠키를 골랐습니다. 과자를 그다지 좋아하지 않으면서도 뭐 그리 맛있는지 버터링쿠키만 먹었습니다.

버터링쿠키를 여전히 좋아하는지 물어보지는 못했지만 그 과자를 볼 때면 기숙사 매점 벤치에 앉아 파란색 종이 포장을 벗겨내고 베이지색 플라스틱 용기에 차곡차곡 담겨 있던 버터링쿠키를 먹다가 손에 묻은 과자 가루를 털어내면서 해맑게 웃던 H가 늘 생각납니다.

아내와 저의 연애 생활에 위기가 찾아올 때마다 둘 사이가 잘 유지될 수 있도록 '지긋지긋할 정도로(H의 표현대로)' 도와준 덕분에 우리가 결혼까지 하게 되었으니, 더더욱 H를 잊을 수 없지요.

대학교 1, 2학년 당시만 해도 세상에서 가장 순수하고 밝은 웃음을 짓던 H는 대학원에 진학해 학계에서 인정받는 젊은 학자로 승승장구하며 결혼도 하고 잘 지내다 홀연히 사라진 뒤 2년 만에 다시 나타났습니다. 원인을 전혀 알 수 없는 병에 걸려 제대로 움직이지도, 걷지도 못해 2년의 세월을 요양하면서 지냈다고 했습니다. 그동안 쌓아온 모든 것은 한순간에 무너졌지요.

몸이 아픈 와중에 아이까지 낳아 길러야 했던 H의 고통은 그 누구도 알 수 없는 것이었습니다. 하지만 H는 희망을 잃지 않았습니다. 회복되지 않을 것 같았던 몸이 조금씩 건강해지면서 다시 공부를 시작했고, 결국 몇 년 전에 지방 어느 대학의 교수가 되었습니다.

지금까지 큰 고난 없이 살아온 아내와 저는 H를 참 많이 존경합니다. 버터링쿠키를 좋아하던 순수하고 해맑던 우리 친구 H. 그녀는 우리 부부에게 희망의 아이콘입니다. 죽음을 생각할 정도로 고통스러운 시간을 보내고서도 자신의 꿈을 이루어가며 하루하루 새로운 역사를 써나가고 있는 H에게 존경하는 마음을 담아 이 버터링쿠키를 바칩니다.

# 버터링쿠키 만들기

## 🥄 재료

버터 100g, 박력분 120g, 슈거파우더 55g, 달걀 1개 흰자만, 바닐라오일 ¼작은술(생략 가능)

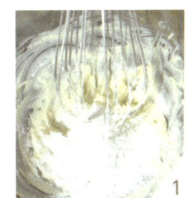

## 🥄 만드는 방법

1  실온에 둔 버터에 슈거파우더를 넣고 거품기로 섞는다. → 달걀흰자와 바닐라오일을 넣은 뒤 달걀흰자와 버터가 분리되지 않도록 잘 젓는다.

2  2~3회 체 친 박력분을 넣고 주걱으로 자르듯이 섞는다.
   (반죽을 손으로 치대면 쿠키가 딱딱해지니 주의하세요.)

3  반죽을 짤주머니에 담고 별모양 깍지를 끼운 후 지름 3~4cm 정도의 원 모양으로 짠 뒤 굽는다. → 가장자리 부분이 노릇하게 익었을 때 꺼낸다.

 Tip ● ● ● ● ● ● ● ● ● ● ● ● ● ● ● ● ● ● ●

일반적으로 쿠키를 구울 때 반죽을 냉장실에 넣어 휴지시키는 경우가 많습니다만, 버터링쿠키 반죽은 냉장하면 버터가 굳으면서 반죽이 단단해져 깍지에서 잘 나오지 않으니 실온 상태 그대로 사용합니다.

**━━ 10 ━━**

두 번 구워 더 바삭한

# 비스코티

무뚝뚝한 경상도 시아버지와 그에 못지않게 무뚝뚝한 경상도 며느리가 만나면 무슨 일이 벌어질까요? 저희 아버지는 전형적인 경상도 남자이십니다. 말 그대로 무뚝뚝하신 데다 감정을 표현하는 일도 쑥스러워하시는 권위적인 가부장의 표상이지요. 그의 며느리인 제 아내 역시 애교라는 것을 별로 부려본 적이 없을 만큼 무뚝뚝한 사람입니다.

하지만 희한하게도 두 사람이 만날 때에는 서로 그런 성격을 잠시 잊는 것 같습니다. '세상에, 우리 아버지가 저렇게 자상한 분이었나? 내 아내가 저렇게 애교가 많은 사람이었어?' 하는 생각이 절로 들 정도지요. 사위 사랑은 장모, 며느리 사랑은 시아버지라는 말이 괜히 있는 말은 아닌 것 같습니다.

제가 아버지와 통화를 하면 한때 유행했던 문구처럼 '용건만 간단히' 합니다. 사실 나이 든 아버지와 아들 사이의 용건이라는 것은 "언제 내려 올 거냐", "쌀 보냈다", "현서나 민서 바꿔라" 정도의 내용이 대부분이라 통화 시간은 채 1분을 넘기지 못하고 결국 어색하게 마무리되는 경우가 대부분이지요.

하지만 아버지와 아내가 통화하는 걸 들어보면 1분은 거뜬히 넘길 뿐만 아니라 부자간의 통화에서는 좀처럼 찾을 수 없는 웃음소리마저 존재한다는 사실이 경이롭기까지 합니다.

　그렇게 사이좋은 시아버지와 며느리도 딱 한 가지 충돌하는 부분이 있는데요, 그게 바로 아버지가 아이들에게 커피를 먹이려고 할 때입니다. 아이들이란 원래 못하게 하면 더 하고 싶어 하는 법이지요. 못 먹을 것인 줄 알면서도 막상 눈에 들어오면 도대체 어떤 맛일까 궁금해하는 아이들에게 아버지는 며느리 몰래 커피를 한 모금씩 주십니다. 아이들이 하고 싶은 것을 하게 해주는 자상한 할아버지가 되시겠다며 말이죠. 아무리 사이좋은 시아버지와 며느리라 하더라도 아이들에게 커피를 먹이는 시아버지를 달가워할 며느리는 없겠지요.

　커피를 직접 먹일 수는 없지만 그렇게 먹고 싶어 하니 커피가 들어간 과자, 비스코티를 아이들에게 만들어주었습니다. 두 번 굽는 비스코티는 한 번 구워내는 과자에 비해 더 바삭하고 고소한 맛이 납니다. 이 과자를 아이들한테 먹였다고 아내한테 혼나는 건 아니겠죠?

# 비스코티 만들기

## 🥄 재료

커피믹스 2개, 땅콩가루 40g, 박력분 150g, 버터 50g, 설탕 50g, 달걀 1개,
베이킹파우더 1작은술

## 🥄 만드는 방법

1 실온에 둔 버터를 풀어준 뒤 설탕을 넣고 서걱거리는 소리가 사라질 때
까지 거품기로 섞는다. → 달걀을 넣고 버터와 분리되지 않도록 잘 젓
는다.

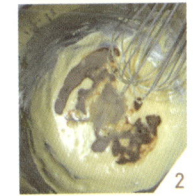

2 따뜻한 물 소량에 커피믹스를 녹인 후 1에 넣고 섞는다.

3 체 친 박력분, 베이킹파우더와 땅콩가루를 넣고 골고루 섞는다. → 반
죽을 넙적한 덩어리로 만들어서 냉장실에 넣고 30분 정도 휴지시킨다.

4 1차로 구워준 뒤 한 김 식힌 다음 적당한 크기로 자른다.

5 잘라낸 반죽을 옆으로 눕혀서 팬에 올린 뒤 2차로 다시 구워낸다.

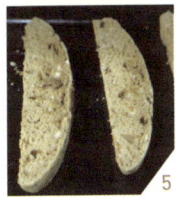

━━ 11 ━━
두부의 따뜻한 온기를 그대로
# 두부과자

제 인생의 취미가 된 요리는 새로운 것을 내 손으로 창조한다는 짜릿함을 줍니다. 직장인의 반복되는 일상에 신선한 자극이 되지요. 회사 업무로도 충분히 피곤한데 굳이 집에 가서 요리를 하고 빵을 굽는 저를 의아해하는 동료들도 많지만, 다른 사람들이 즐거운 마음으로 하는 음주나 골프 같은 취미와 별반 다를 것이 없습니다.

요리를 하다보면 처음에는 조리법을 익히기 위해 노력하지만 내공이 쌓일수록 재료 자체에 대한 관심이 커지는 게 보통입니다. 식재료를 볼 때마다 그 식재료로 만드는 요리를 먼저 머릿속에 떠올리게 되지요. 그러다 보니 요리에 대한 취미도 원재료를 가지고 직접 1차 가공을 해보는 것으로 옮아가더군요. 간장, 고추장 담그는 법, 드레싱 만드는 법, 고기 염장하는 법, 효소 만드는 법, 양념가루 만드는 법 등등 실제로 시도해보지는 않았지만 인터넷을 뒤지고 책장을 넘기면서 눈으로 머릿속으로 익히기도 합니다.

그중에서 가장 먼저 도전해본 것이 두부 만들기였습니다. 지인의 어머니께서 직접 농사지으신 흰콩을 좀 보내주셨는데 밥에만 두어 먹기는 아깝다 싶어서 두부를 만들어보기로 했습니다.

어릴 적 할머니와 어머니께서 손수 두부를 만들던 모습을 떠올리며 어머니께 몇 번이나 전화로 두부 만드는 법을 물었지요. 수화기 너머로는, 남자란 모름지기 주방 출입을 자제해야 한다고 여전히 믿고 몸소 실천하고 계신 아버지의 지청구도 희미하게 들려왔습니다.

노란 콩이 새하얀 두부로 변하는 이 마법 같은 순간을 혼자서 보기는 너무 아깝지요. 아이들과 함께합니다. 전날 미리 콩을 불려두고 쓰다 남은 목재를 활용해서 두부 틀도 하나 만들었습니다. 믹서로 콩을 곱게 갈면 걸쭉한 콩물이 되는데 이 콩물을 큰 냄비에 붓고 주걱으로 저으면서 천천히 끓입니다. 한 김 끓어오르면 불에서 내린 다음 베보자기로 걸러 짜서 콩물을 받아놓습니다. 찌꺼기는 비지찌개를 끓여서 먹습니다.

막내 민서는 콩에서 우유가 나왔다며 환호성을 지릅니다. 하지만 진짜 마법은 지금부터입니다. 따뜻한 콩물이 간수와 만나는 순간 양털 같은 덩어리가 몽글몽글 생기기 시작합니다. 걸쭉한 액체가 부드러운 고체로 바뀌는 이 순간을 아이들은 가장 신기해합니다. 미리 만들어둔 두부 틀에 베보자기를 깔고 순두부를 부은 다음 눌러 굳히면 단단한 두부가 탄생합니다.

기나긴 두부 만들기 과정을 함께한 아이들은 두부를 볼 때마다 우리가 식탁에서 만나는 음식들이 거저 얻어진 것이 아님을 한 번쯤은 생각하게 되겠지요. 대추 한 알에도 태풍 몇 개, 천둥 몇 개, 벼락 몇 개가 들어 있다던 시인처럼 두부 한 모 속에서 우주를 발견하지는 못하더라도 우리가 매일 먹는 음식에 스며들어 있는 따뜻함과 사람 냄새를 아이들이 느낄 수 있기를 바라는 아빠의 마음입니다.

# 두부과자 만들기

## 🥄 재료

두부 100g, 박력분 200g, 포도씨유 40g, 설탕 60g, 달걀 1개, 베이킹파우더 1작은술, 통깨 15g

## 🥢 만드는 방법

1  두부는 물기를 제거하고 포크로 잘게 으깬다.

2  포도씨유에 설탕을 넣고 거품기로 젓다가 달걀을 마저 넣고 설탕이 녹을 때까지 빠르게 젓는다.

3  체 친 박력분, 베이킹파우더와 으깬 두부, 통깨를 넣고 섞는다. → 반죽을 뭉쳐 냉장실에 넣고 30분 정도 휴지시킨다.
  (반죽이 너무 질면 밀가루를 좀더 넣어주세요.)

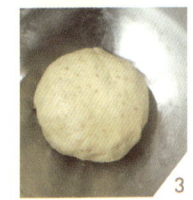

4  작업대에 덧가루를 뿌린 후 반죽을 1mm 정도 두께로 얇게 밀어준다.

5  원하는 크기와 모양으로 자른 뒤 팬에 올려 굽는다.
  (쿠키 커터를 이용해서 다양한 모양으로 연출해도 좋아요.)

## 12

고마움을 전할 때 포실포실

# 우유비스킷

큰딸 현서가 벌써 초등학교 3학년이 되었습니다. 조산아로 태어나 인큐베이터에서 숨을 할딱거리며 엄마 아빠의 마음을 아프게 하던 때가 엊그제 같은데 말이지요. 아내는 일찍 태어난 현서가 또래 친구들에 비해 발육이 늦을까, 지적 능력이 떨어지지는 않을까 늘 마음 졸이며 키웠습니다. 좋은 것만 골라서 먹이고 행여나 뒤처질세라 이런저런 검사며 상담을 받았습니다.

몇 주 일찍 태어난 것이 뭐 그리 크게 걱정할 일이냐고 생각할 수도 있지만 막상 그것이 자신의 현실이 되면 아이에 관한 일은 아주 사소한 것이라도 그냥 넘겨지지 않습니다. 현서가 태어나고 얼마 되지 않았을 때까지 우리 부부의 바람은 현서가 다른 아이들처럼 건강하게만 자라주는 것이었습니다. 다행히 아내의 노력으로 현서는 키가 조금 작은 것을 빼고는 아주 야무지게 자라서 지금은 친구들과 거의 차이가 없습니다. 부모의 욕심이라는 것이 무서워서 막상 아이가 건강해지니 학습, 인성, 성격 이런 것에 대한 걱정도 슬며시 들더군요.

현서가 유치원 졸업을 몇 주 앞두고 있을 때였습니다. 그동안 아이들이 배운 다례를 부모님 앞에서 보여주는 행사가 있었지요. 일곱 살 난 아이들이 다

례도 배운다니, 여태 살면서 다례라고는 배운 적 없는 저로서는 참 신기하기도 했고, 공부도 중요하지만 예절을 먼저 가르쳐주는 유치원 선생님들이 고맙기도 했습니다.

유치원에 가는 김에 그동안 현서를 잘 돌봐준 선생님에게 작은 성의라도 표시해야겠다는 생각이 들었습니다. 하지만 딱히 생각나는 것도 없고 준비할 시간도 그리 많지 않으니 직접 만들어드리는 것이 좋을 것 같았습니다. 시간이 적게 들고 만들기도 간단한 우유비스킷을 현서와 함께 만들기로 했습니다. 엄마가 아닌 아빠가 만들어드리는 것이니 좀 소박하긴 해도 선생님께 그 진심이 충분히 전달되지 않을까 싶은 마음이었습니다.

난이도 : 상
소요 시간 : 1시간 30분
분량 : 15~20개
오븐 : 180°, 25~30분

# 우유비스킷 만들기

## 🥄 재료

우유 100ml, 박력분 200g, 버터 80g, 슈거파우더 25g, 베이킹파우더 2작은술, 소금 1작은술

(모든 재료는 차가운 상태로 준비해주세요.)

## 🥄 만드는 방법

1 박력분과 슈거파우더, 베이킹파우더, 소금을 체 쳐 볼에 넣고 섞는다.
→ 잘게 자른 버터를 넣고 주걱이나 스크래퍼로 버터를 자르면서 잘 섞는다.

2 잘 섞인 가루를 손으로 비벼가면서 포슬포슬한 상태로 만들어준다.

3 차가운 우유를 붓고 주걱을 이용해 자르듯이 섞는다. → 반죽을 가볍게 뭉쳐준 후 냉장실에 넣고 30분 정도 휴지시킨다.

4 약 4~5cm 크기 정도로 동그랗게 모양을 잡아 팬에 올려 굽는다.
(아이스크림 스쿱을 이용하면 비스킷 모양을 쉽게 만들 수 있어요.)

## 13

귀한 손님을 위한 정성 가득 디저트

# 아몬드튀일

    지금은 결혼해서 잘 살고 있는 동생이 결혼하기 전의 일입니다. 어느 날 동생이 여자친구를 소개해준다며 저희 집에 온 적이 있습니다. 여자친구를 부모 님께 인사시키기 전에 형과 형수에게 먼저 보여주는 것이 동생의 입장에서는 아 무래도 부담을 덜 방법이었겠지요. 연애를 시작한 지는 얼마 되지 않았지만 두 사람 다 나이가 찬 상태여서 진지한 만남을 이어가고 있었습니다. 우리 가족이 될지도 모른다고 생각하니 동생의 여자친구가 반갑기도 하고 오히려 제가 더 긴 장이 되기도 했습니다.

    물론 동생의 여자친구가 가장 긴장했을 테고 손아랫동서가 될지도 모르 는 사람을 만나는 아내의 긴장감도 적지는 않았을 것입니다. 제가 형이긴 하지만 다 큰 성인인 동생의 선택에 대해 이래라 저래라 할 수는 없습니다. 다만 형의 입 장에서는 그저 동생이 좋은 사람을 만나서 행복하게 살기를 바랄 뿐이고, 이왕이 면 그 사람이 우리 가족의 분위기에 잘 어울리는 사람이면 좋겠다는 생각을 했습 니다.

    동생이 데리고 온 여자친구는 동생보다는 나이가 조금 많고, 그래서 막냇 동생의 여자친구 치고는 우리와 나이 차이가 그다지 많이 나지 않았습니다. 으레

막냇동생의 여자친구라 하면 귀여운 이미지를 떠올리게 되는데 연상의 여자친구답게 여유와 안정감이 느껴졌고, 자의반 타의반으로 그동안 많이 방황해온 동생을 잘 보듬어줄 수 있는 사람 같다는 느낌을 받았습니다. 앞으로 더 지켜봐야겠지만 일단은 좋은 인상을 갖게 되어 동생과 여자친구의 방문은 즐겁게 마무리되었지요.

동생의 여자친구를 금요일 저녁식사에 초대했는데, 디저트로 먹기 위해 전날 밤에 준비한 것이 바로 아몬드튀일입니다. 튀일은 프랑스어로 '기와'라는 뜻입니다. 생긴 모양이 꼭 기와 같아서 이런 이름이 붙었다는데요, 얇고 바삭바삭한 식감이 일품인 과자랍니다. 아몬드가 들어가 고소하면서도 달콤한 맛에 자꾸만 손이 가지요. 예전에는 동네 빵집에서 쉽게 찾을 수 있었는데 요즘은 찾기가 쉽지 않더군요.

만만치 않은 가격 때문에 사두고 아껴 먹었던 추억과 그 고소한 맛이 떠오르면서 이 과자를 만들어 대접하면 좋겠다는 생각이 들었습니다. 보통은 이런 마음을 엄마의 마음이라고 할 텐데, 이건 형의 마음이라고 해야 하나요?

# 아몬드튀일 만들기

## 재료

아몬드가루 20g, 아몬드슬라이스 80g, 박력분 30g, 버터 40g, 설탕 60g,
달걀 2개 흰자만

## 만드는 방법

1 달걀흰자에 설탕을 넣고 설탕이 녹을 때까지 거품기로 섞는다.

2 체 친 박력분과 아몬드가루를 넣고 섞은 뒤 아몬드슬라이스를 넣고 아
몬드가 깨지지 않도록 조심스럽게 섞는다.

3 물처럼 녹인 버터를 붓고 버터가 보이지 않을 때까지 골고루 섞은 후
냉장고에 넣고 30분 정도 휴지시킨다.

4 반죽을 한 숟가락씩 떠서 유산지를 깐 팬에 올리고 납작하게 펴준 뒤
노릇하게 굽는다.

## Tip

다 구운 아몬드튀일을 오븐에서 꺼내면 말랑말랑합니다. 이때 방망이
나 병 같은 것에 올려서 손으로 감싸 쥐어 휘어준 뒤 그대로 식히면 동
그랗게 말린 아몬드튀일을 만들 수 있습니다.

## 14
나들이 도시락에 동글동글
# 초코롤쿠키

부모가 되면 때로는 하기 싫은 일도 아이들을 위해 해야 할 때가 있습니다. 부모는 영 내키지 않은 일이지만 아이들이 좋아한다면 어쩔 수 없이 희생 아닌 희생을 하는 것이 부모의 숙명 같은 것이 아닐까 싶어요. 뭐가 이리 거창하냐고요? 바로 놀이기구 때문입니다.

저와 아내는 놀이기구 타는 걸 좋아하지 않는 정도가 아니라 끔찍이 싫어합니다. 내 몸이 불편해지는 것을 군이 돈까지 내가면서 해야 하나 싶기도 하고요. 특히 저는 조금이라도 몸의 균형에 변화가 생기면 금세 현기증을 느끼고 멀미를 하는 사람이다 보니 탈 수 있는 놀이기구라고는 회전목마나 범퍼카 정도입니다. 롤러코스터 같은 것은 엄두도 못 내지요. 이런 것은 아내도 마찬가지여서 연애를 시작하고부터 지금까지 10년 동안 아내 손을 잡고 놀이동산에 간 적은 한 손에 꼽을 정도입니다.

그러다 보니 우리 아이들은 남들 다 가는 에버랜드를 지금껏 한 번도 가보지 못했답니다. 우리 아이들은 과천에 있는 동물원, 미술관, 과학관, 심지어 경마장까지 다 가보았으면서도 정작 서울랜드에는 한 번도 가보질 못했지요.

시골에 내려가거나 캠핑을 가거나 여행을 가는 등 놀이동산 말고도 아이들이 좋아하는 활동들이 많다고 우리 부부는 생각했습니다. 하지만 큰딸 현서가 학교 친구들이 주말에 놀이동산에 다녀왔다고 자랑하는데 자신은 한 번도 가보지 못해서 이야기에도 끼지 못하고 부러워만 했다는 이야기를 듣고 마음을 조금 바꿔보기로 했습니다.

부모의 취향 때문에 아이들이 다양한 경험을 해볼 기회를 빼앗는 것은 너무 가혹하다 싶었습니다. 아빠 엄마는 싫어하지만 아이들은 무서워하지 않고 좋아할 수도 있으니까요.

아빠 엄마는 크나큰 용기를 내어 그나마 익숙한 서울랜드에 가보기로 했습니다. 특별한 날이니 요리하는 아빠는 솜씨를 발휘해서 맛난 도시락도 싸고 아이들이 좋아하는 특별한 쿠키도 구웠지요.

놀이동산에는 아내와 철부지 대학생 시절 연애할 때 가본 게 마지막이었으니 아내와 저도 감회가 새로웠습니다. 그때 역시 자유이용권을 끊었지만 정작 놀이기구는 타지도 못하고 자유롭게 돌아다니기만 했지요. 하지만 아이들은 저희와 달랐습니다 처음에는 조금 무서워하더니 이내 적응해 신나게 놀더군요.

물론 저는 아이들과 함께 빙글빙글 도는 놀이기구를 다다 살짝 멀미가 나긴 했지요. 하지만 데리고 오기를 잘했다는 생각이 들었습니다. 자주는 아니더라도 가끔은 놀이동산에도 다녀야겠습니다.

난이도 : 상
소요 시간 : 2시간
분량 : 20개
오븐 : 180°, 15~20분

# 초코롤쿠키 만들기

## 🍯 재료

코코아가루 40g, 박력분 120g, 버터 80g, 설탕 70g, 달걀 1개

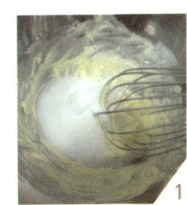

## 🥄 만드는 방법

1 실온에 둔 버터를 풀어준 뒤 설탕을 넣고 서걱거리는 소리가 사라질 때까지 거품기로 섞는다. → 달걀을 넣고 달걀과 버터가 분리되지 않도록 빠르게 젓는다.

2 1을 반으로 나누어 다른 볼에 담는다. → 한쪽에는 체 친 박력분 40g과 코코아가루를 넣고 다른 한쪽에는 체 친 박력분 80g을 넣어 주걱으로 자르듯이 반죽한다.

3 반죽을 비닐팩에 넣고 똑같은 크기의 사각형으로 모양을 잡은 다음 냉장실에 넣고 30분 정도 휴지시킨다.

4 냉장고에서 꺼내 적당히 단단해진 반죽을 아래위로 겹쳐 돌돌 말아준다. → 반죽을 다시 냉장고에 넣고 1시간 더 휴지시킨다.

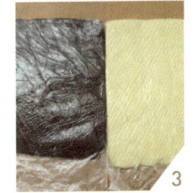

5 반죽을 약 1~1.5cm 두께로 자른 뒤 팬에 올린 후 굽는다.

## 🧤 Tip

반죽을 동그랗게 말 때 반죽이 너무 딱딱하거나 무르면 말기가 어려우므로 적당히 말랑말랑한 상태를 유지하는 것이 중요합니다.

# 입도 눈도 즐거운 케이크

쿠키를 통해 바삭하고 달콤한 세계를 경험했다면 이제는 촉촉하고 부드러운 세계

로 넘어갈 차례입니다. 사랑하는 사람을 위해 특별한 선물을 하고 싶은 날, 달콤한

맛이 부쩍 당기는 날, 감사의 마음을 전하고 싶은 날에는 입도 눈도 즐거운 홈베이

킹이 제격이지요. 직접 만들어 정성이 더 크게 느껴지는 케이크와 머핀, 파이를 소

개합니다.

━━ 15 ━━
우리 집 주말 브런치
## 와플

일요일 아침, 가족 모두 늦잠을 자는 시간입니다. 즐거운 토요일 밤에는 왠지 일찍 잠들기가 싫어서 괜히 TV 채널을 이리저리 돌리다가 결국 자정을 훌쩍 넘기고서야 잠에 듭니다. 당연히 일요일 아침에는 일찍 일어날 수가 없지요. 저는 회사에 가지 않아도 되고 아이들은 학교나 유치원에 가지 않아도 되니 늦게 일어나도 부담이 없는 일요일 아침입니다.

늦잠을 자니 당연히 입맛이 있을 리 없지요. 아침부터 밥과 국을 한 상 차려 넘기기는 부담스럽고 시간도 점심에 가깝다보니 일요일 아침에는 브런치가 잘 어울립니다.

간단하게 먹는 브런치 메뉴에는 여러 가지가 있지요. 샐러드, 달걀 프라이, 과일, 삶은 감자, 빵 몇 조각과 소시지, 시리얼 등 냉장고에 있는 신선한 재료들로 간단하게 만들 수 있는 요리라면 모두 브런치가 됩니다.

일요일 아침, 저희 집에서 가장 먼저 일어나는 사람은 바로 큰딸입니다. 벌떡 일어나서 아침을 챙겨달라고 졸라대지요. 엄마는 여전히 꿈나라를 헤매고 있고, 결국 제가 딸들의 아침식사를 책임지게 됩니다. 식빵이라도 구워둔 게 있을 때에는 잼을 발라주면 그만인데 그것마저도 없을 때에는 고민이 되지요.

　이럴 때 저는 와플을 굽습니다. 만들기도 쉽고 어떤 토핑과도 잘 어울리기 때문입니다. 박력분으로 바삭하게 구워내는 와플은 아메리칸 와플이고요, 발효 반죽으로 구워내는 와플은 벨기에 와플입니다. 벨기에 와플은 아메리칸 와플보다 덜 바삭한 대신 쫄깃한 식감이 일품이지요. 벨기에 와플은 반죽을 발효하는 시간이 필요하다 보니 재빨리 브런치를 준비해야 할 때는 아무래도 아메리칸 와플을 만들게 됩니다.

　팬에서 구워내는 와플은 무엇보다 오븐 없이도 만들 수 있다는 점이 매력적입니다. 와플 팬을 별도로 구입해야 하지만 하나쯤 구비해두면 그 값어치를 충분히 하더군요. 밖에서만 사 먹던 와플을 집에서 먹을 수 있으니 좋고 재미있는 모양에 아이들도 즐거워합니다. 간식으로 먹기에도 부담이 없지요.

　와플과 함께 달걀프라이와 콩, 방울토마토를 곁들여서 아빠의 브런치를 준비합니다. 자, 이제 아내를 깨울 시간입니다.

# 와플 만들기

## 🍶 재료

박력분 100g, 우유 50ml, 버터 30g, 설탕 30g, 달걀 2개, 베이킹파우더
½작은술, 소금 ½작은술

(바삭한 와플보다 약간 찰기가 있는 와플이 좋다면 중력분을 쓰세요.)

## 🥄 만드는 방법

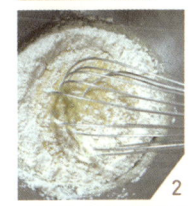

1 달걀을 풀어준 뒤 설탕을 넣고 설탕이 다 녹을 때까지 거품기로 젓는
   다. → 물처럼 녹인 버터와 우유를 넣고 섞는다.

2 체 친 박력분과 베이킹파우더, 소금을 넣고 밀가루 덩어리가 없어질 때
   까지 골고루 섞는다.

3 센 불로 달군 와플 팬에 반죽을 조금 모자라듯 붓고 중불로 줄인 후 앞
   뒤로 2분씩 굽는다.

4 양쪽 면 모두 옅은 갈색을 띠면 꺼내어 식힌다.

멋진 아빠 좋은 남편의 비법

# 팬케이크

내 아이가 다양한 체험과 경험을 하며 세상을 살아가는 지혜를 배울 수 있으면 좋겠다는 마음에 부모들은 아이들과 함께 여행도 다니고, 체험학습장도 찾아갑니다. 캠핑도 그런 활동 가운데 하나지요. 부모도 재미있으니 일석이조입니다.

저희 가족의 첫 캠핑 장소는 양평이었습니다. 친구의 장비를 빌려서 떠났지요. 서툰 솜씨로 어렵사리 텐트를 치고 바비큐로 저녁을 맛있게 해 먹을 때까지는 정말 좋았습니다. 하지만 자정 무렵부터 텐트를 뚫을 기세로 비가 내리고 세찬 바람이 불더군요. 행여 텐트가 날아가지나 않을까 텐트 주변에 도랑을 파고 텐트를 고정하는 로프를 몇 번이나 확인했지요. 첫 캠핑의 밤은 잠 한숨 못 자고 보냈지만 말갛게 갠 숲 속의 아침 풍경에 간밤의 나쁜 기억이 싹 사라져버렸습니다.

캠핑은 이제 저희 가족의 주말을 책임지는 매우 중요한 활동이 되었습니다. 아빠인 제 입장에서 캠핑의 매력은 바로 잊고 있던 남성성을 일깨워준다는 것입니다. 돈을 버는 것이 가장의 역할 중에 가장 중요한 것이긴 하지만 정작 회사에서 멋지게 일하는 아빠의 모습은 가족들에게 보여줄 수가 없지요. 회사에서 아무리 잘나가는 사람이라도 회사 업무를 가지고서 우리 남편 최고다, 우리 아빠 멋있다는 소리를 듣기는 어렵습니다. 하지만 캠핑장에서만큼은 다릅니다.

　가족들과 함께 여행지를 고르고, 가족들이 먹고 자는 데 필요한 장비를 챙기고 운전을 해서 가족들을 캠핑장으로 데려갑니다. 가족들을 위해 이마에 땀이 송골송골 맺히도록 텐트를 설치하고 불을 피웁니다. 그리고 고기를 굽지요. 아이들과 함께 뛰며 운동을 합니다. 다음 날 아침 일찍 일어나서는 맛있는 아침 식사를 준비합니다. 그리고 챙겨 온 장비와 텐트를 척척 정리해서 차에 싣고 집으로 돌아옵니다.

　아빠의 입장에서는 장난감(장비)을 눈치 보지 않고 살 수 있고, 아이들을 위해 시간을 내주는 아빠, 집 지어주고 고기 구워주는 멋진 남편으로 인정받을 수 있으니 캠핑을 마다할 이유가 없습니다.

　최고로 멋진 아빠와 남편이 되고 싶어 손수 아침식사를 준비하는데요, 제가 캠핑장에서 아침으로 늘 만들어주는 메뉴가 바로 팬케이크입니다. 반죽만 준비해 가면 셀러드, 수프, 베이컨, 달걀 프라이 등과 함께 멋진 아침식사를 연출할 수 있기 때문이지요. 팬에 따끈하게 구워내면 부드럽고 달콤한 맛이 자연 속에서 더 살아난답니다.

난이도 : 하
소요 시간 : 40분
분량 : 지름 10cm 크기 6개
프라이팬 : 5분

# 팬케이크 만들기

## 재료

박력분 150g, 우유 250ml, 버터 30g, 설탕 50g, 달걀 1개, 베이킹파우더 2작은술

(모든 재료는 미리 실온에 꺼내 준비해주세요.)

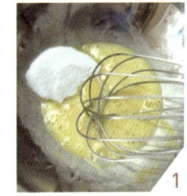

## 만드는 방법

1 달걀을 풀어준 뒤 설탕을 넣고 설탕이 다 녹을 때까지 거품기로 젓다가 우유를 넣고 섞는다.

2 체 친 박력분, 베이킹파우더와 물처럼 녹인 버터를 넣고 날가루가 보이지 않도록 잘 섞는다.

3 약한 불로 달군 프라이팬에 국자로 반죽을 붓고 기포가 올라오면 뒤집어 노릇하게 굽는다.

# ━━ 17 ━━
초코칩은 언제나 행복해
# 초코칩머핀

초등학교에 갓 입학했을 때만 해도 큰딸 현서는 부루마블 게임에 흠뻑 빠져 있었습니다. 부루마블 게임을 할 수만 있다면 평소에 읽기 싫어했던 책도 단숨에 열 권씩 읽어버릴 정도였지요. 돈을 계산하는 방법이나 가르쳐볼까 싶어서 시작한 것인데 그렇게까지 빠질 줄은 몰랐답니다. 게임의 룰을 이해하기에는 아직 어린 동생 민서와는 게임을 할 수가 없으니 틈만 나면 게임을 하자고 조르는 부작용이 있기는 했지만 말이지요.

의도했던 대로 돈 계산 속도가 빨라졌고 세계 각국의 도시들을 알게 되는 수확도 있었습니다. 무엇보다 생각지도 못했던 우리 현서의 능력을(게임할 때만 발휘되는) 하나 발견했는데요, 이 녀석이 게임 카드에 적힌 각 도시의 가격과 별장, 빌딩, 호텔을 지을 때의 비용, 상대방이 내 땅을 지나갈 때 지불해야 하는 통행료를 줄줄 꿰고 있더라고요.

이 정도로 부루마블을 좋아하니 게임을 하면서 지고 싶겠어요? 1대 1로 하면 아내는 현서에게 늘 지는데, 이상하게도 저는 져주려고 해도 꼭 이기게 돼요. 하루는 게임을 하다가 첫 판을 이기고 둘째 판도 이겼지요. 마지막 판은 봐주면서 했는데도 이겨버렸지 뭐예요. 그때부터 현서의 하소연이 시작되었답니다.

"아빠는 비싼 땅에 카드도 많고, 호텔도 많이 지어서 나를 거지로 만들고, 돈도 많으면서 월급은 꼬박꼬박 타가고."

위로해주려는 마음에 "현서야, 게임을 하다 보면 이길 수도, 질 수도 있는 거야"라고 했더니, 눈물을 뚝뚝 흘리며 이렇게 말했습니다.

"이길 수도 질 수도 있는데, 아빠는 나한테 세 번 다 이겨버렸잖아요."

이때 옆에서 보고 있던 둘째 민서가 언니를 꼭 안아주면서 말했습니다.

"언니, 진정해~ 그래도 백배나 화난 건 아니지? 언니 사랑해~"

여덟 살 난 현서가 다섯 살밖에 안 된 민서의 위로를 받고 조금 진정되는 듯했습니다. "현서, 이제 괜찮아?" 하고 물었더니 민서가 한마디하더군요.

"언니가 어디 아파요? 괜찮냐고 물어보게?"

아이쿠, 이 두 딸을 어쩌면 좋을까요?

부루마블 게임 3연패의 충격에 빠진 현서와 그런 언니를 달래주는 민서가 기특해서 아이들이 좋아하는 초코칩을 듬뿍 넣은 머핀을 만들어두고 잠자리에 들었답니다. 아빠 노릇 하기가 참 힘드네요. 휴.

# 초코칩머핀 만들기

## 🎀 재료

초코칩 50g, 박력분 150g, 버터 100g, 설탕 80g, 달걀 2개, 베이킹파우더 3/4작은술
(모든 재료는 미리 실온에 꺼내 준비해주세요.)

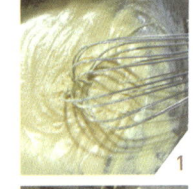

## 🥄 만드는 방법

1 버터를 풀어준 뒤 설탕을 넣고 서걱거리는 소리가 사라질 때까지 거품기로 섞는다. → 달걀을 넣고 걸쭉한 크림이 될 때까지 재빠르게 젓는다.

2 체 친 박력분과 베이킹파우더를 넣고 날가루가 보이지 않도록 주걱으로 자르듯이 반죽한 뒤 초코칩을 넣고 섞는다.

3 머핀 틀에 유산지를 깔고 반죽을 80퍼센트 정도 채운 뒤 굽는다.

## 🧤 Tip ·····

머핀을 구울 때에는 윗부분이 노르스름하게 익어갈 때쯤 젓가락 같은 것으로 찔러보세요. 물기가 묻어나지 않을 때 꺼내면 됩니다.

고운 주황색이 입맛을 유혹하는
# 당근케이크

　　나른한 일요일 아침, 입맛이 없는 아이들과 아내를 위해 케이크를 만들기로 했습니다. 냉장고의 채소 칸에서 주황색 당근부터 꺼냅니다. 녹황색 채소 가운데 몸 안에서 비타민 A로 변하는 베타카로틴이 가장 많이 들어 있다는 당근은 칼슘과 식이섬유까지 섭취할 수 있는 영양가 높은 채소라니 아이들에게는 더없이 좋겠지요.

　　아이들에게 좋은 채소를 먹이고 싶은 마음은 엄마의 마음이기도 하지만 요리하는 아빠의 마음이기도 합니다. 이렇게 몸에도 좋고 색도 예쁜데 아이들은 당근을 그다지 좋아하지 않습니다. 아이들은 몸에 좋은 것이라면 어찌 그리 잘 알고 먹지 않으려는지, 참 알 수 없는 노릇이죠. 애원하다시피 먹여야 한두 점 먹을까 말까, 이런 경험을 저만 하고 있는 것은 아니겠지요?

　　그래도 아이들에게 몸에 좋은 채소를 먹이고 싶은 저는 당근을 도마 위에 올려놓고 잘게 채를 썰어둡니다. 잘게 썰수록 아이들은 당근의 존재를 알아차리지 못하겠지요.

　　볼 안에 향이 좋은 기름과 꿀, 소금, 달걀을 넣고 거품기로 정성스럽게 젓습니다. 밀가루를 넣어 걸쭉한 반죽을 만들고, 마침내 잘게 썬 당근을 넣고 한데 섞어줍니다.

　노란색 반죽에 섞인 주황색 당근을 아이들은 신기한 눈으로 바라봅니다. 오븐에 들어간 반죽이 익어가면서 집 안에는 은은한 당근 향이 밴 향긋한 케이크 냄새가 가득 퍼집니다.

　30분이 지나 땡하고 울리는 소리와 함께 오븐의 마법이 끝납니다. 노릇하게 구워진 케이크 위로 맛있는 김이 모락모락 피어오르지요. 한 김 식혀 잘 잘라서 내놓으면 노란 케이크 속에 주황색 당근이 자태를 뽐내고 있습니다.

　저 예쁜 주황색이 사실은 당근이라는 말에 멈칫하는 아이들의 입에 케이크를 작게 썰어 넣어줍니다. 단단한 질감이나 특유의 향 대신 달콤하고 부드러운 맛이 나는 케이크에 아이들은 이제 선뜻 마음을 열어줍니다.

　"아빠, 더 주세요!"

난이도 : 하
소요 시간 : 1시간
분량 : 지름 18cm 크기 1개
오븐 : 180°, 30분

# 당근케이크 만들기

## ♨재료

채 썬 당근 150g, 꿀 150g, 박력분 240g, 포도씨유 150g, 달걀 3개, 베이킹파우더 2작은술, 소금 3g

## 만드는 방법

1 포도씨유에 꿀, 소금을 넣고 거품기로 섞다가 달걀을 하나씩 넣으며 연한 노란색이 될 때까지 빠르게 젓는다.

2 체 친 박력분과 베이킹파우더를 넣고 날가루가 보이지 않도록 주걱으로 섞은 후 당근을 넣고 마저 섞는다.

3 유산지를 깐 케이크 틀에 반죽을 80퍼센트 정도 채우고 기포가 사라지도록 바닥에 툭툭 쳐준 뒤 굽는다.

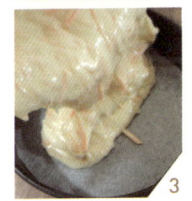

━━ 19 ━━
따사로운 정을 전하는
## 호두초코칩머핀

　　어릴 적 고향에서 이웃이라는 말은 한 가족이나 다름없다는 뜻이었습니다. 일상 가장 가까운 곳에 있는 이웃은 웬만한 친척보다 낫지요. 집안의 대소사는 물론 맛있는 음식이나 시시콜콜한 하루 일과까지 모든 것이 나눔의 대상입니다. 그래서 이웃사촌이라는 말도 있는 것이겠지요.

　　도시의 편리한 아파트에서 생활하다보면 이웃이라는 말 자체가 낯설게 다가옵니다. 불필요하거나 불편한 것으로 느껴지기까지 하지요. 시골 마을에서는 몇 집 건너 사는 동네 사람도 이웃이라 여기지만 아파트에서는 몇 발짝만 나서면 앞집 대문이 보이는데도 그러기가 쉽지 않습니다. 아래위층에 살면서도 소음 때문에 극단적으로 대립하는 일이 많다는 이야기를 들으면 아파트에 살면서 이웃이 생기기를 기대한 것은 무리였는지도 모른다는 생각이 들곤 합니다.

　　건우네는 우리가 유일하게 이웃이라고 부르는 집입니다. 건우는 현서의 초등학교 1학년 때 같은 반 친구였는데 마침 아파트의 같은 동에 살고 있더군요. 언니가 없는 제 아내는 건우 엄마를 언니라고 부르면서 친해졌고, 알고 보니 건우 아빠도 저랑 같은 회사에 다니고 있다는 걸 알게 되면서 가족끼리 가까워졌습니다.

아파트 생활 10년 만에 우리 가족에게도 이웃사촌이 생긴 것입니다. 시골에서 가져온 채소며 과일을 나누어 먹고, 김치전이라도 부치는 날에는 한 장 더 만들어 가져다줍니다. 함께 장을 보거나 캠핑을 가고, 급한 일이 있을 때 아이들을 맡아 봐주기도 하지요. 좋은 일은 내 일처럼 기뻐해주고 슬픈 일은 함께 아파해주는 이웃이 있다는 것은 얼마나 행복한 일인가요.

서로서로 도움을 주고받으며 살고 있지만 두 분 다 우리 부부보다 나이가 많기도 하고 이 동네에서 오래 산 분이다 보니 우리 가족이 도움을 받을 때가 훨씬 더 많습니다. 우리 가족의 소중한 이웃에게 고마운 일로 보답을 해야 할 때 베이킹 솜씨를 발휘합니다. 빵은 주는 사람도 받는 사람도 부담이 적고, 아빠가 직접 만들었다니 더 특별하게 여겨주시거든요. 현서 친구 건우는 제가 만들어주는 빵이면 다 좋아하지만 특히 호두초코칩머핀을 무척 좋아합니다. 이웃집 건우를 위해 호두초코칩머핀을 만드는 날이 더 많아지면 좋겠네요.

난이도 : 하
소요 시간 : 40분
분량 : 10개
오븐 : 180°, 15~20분

# 호두초코칩머핀 만들기

## 🍯 재료

호두 80g, 초코칩 80g, 박력분 300g, 버터 200g, 설탕 150g, 달걀 4개, 베이킹파우더 1½작은술

## 🥄 만드는 방법

**1** 호두는 떫은맛을 날리기 위해 프라이팬에 2~3분 정도 미리 볶아둔다.

**2** 실온에 둔 버터를 풀어준 뒤 설탕을 넣고 서걱거리는 소리가 사라질 때까지 거품기로 젓는다. → 달걀을 모두 풀어 넣고 잘 섞는다.

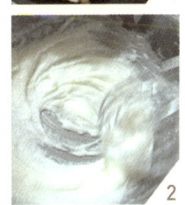

**3** 체 친 박력분과 베이킹파우더를 넣고 날가루가 보이지 않도록 반죽한 뒤 다진 호두와 초코칩을 넣고 섞는다.

**4** 머핀 틀에 유산지를 깔고 반죽을 80퍼센트 정도 채운 뒤 굽는다.

**━━ 20 ━━**

집들이 선물로 딱 좋은

# 파운드케이크

빵을 굽고 과자를 만들면서 생긴 좋은 점이 하나 있습니다. 바로 선물에 대해 크게 고민하지 않아도 된다는 것이지요. 예전에는 누군가의 초대를 받으면 빈손으로는 갈 수 없어 무엇을 선물해야 할까 고민하는 게 일이었으니까요. 이제는 주방용품, 욕실용품, 꽃, 과일, 음료수 대신 직접 만든 빵이나 쿠키를 선물합니다. 제과점에서 파는 것보다 맛이나 모양은 좀 부족할지라도 직접 만들었다는 정성 때문인지 받는 사람들이 더 즐거워합니다.

가장 무난하게 만들어 선물하기 좋은 것이 바로 파운드케이크입니다. 제과점에서 선물을 살 때에도 바게트나 크루아상 같은 작은 빵보다는 파운드케이크를 고르게 되는 것을 보면 아마 크기나 모양이 무난하기 때문이 아닐까 싶습니다.

지금도 수준급 솜씨는 아니지만 베이킹을 시작한 지 얼마 안 되었을 때 친구의 초대를 받고 선물로 파운드케이크를 준비한 적이 있습니다. 무엇이든 내 손으로 직접 만들어주고 싶은 마음이었지요.

시간 여유가 많지 않아 허둥지둥 재료를 계량한다, 반죽을 한다, 부산을

떨며 오븐에 구워냈는데, 노릇노릇 잘 익은 데다 향긋한 빵 냄새가 그럴듯했습니다. 예쁘게 포장까지 해서 가져갔지요. 친구가 준비한 식사를 마치고 차와 함께 후식으로 먹기 위해 준비한 파운드케이크를 의기양양하게 꺼냈습니다.

　　케이크를 칼로 자르는 순간 손끝에 뭔가 묵직한 느낌이 들어서 이상하다 싶었는데, 자르고 보니 파운드케이크가 아니라 파운드떡이 되어 있었습니다. 가만히 생각해보니 베이킹파우더를 넣는 것을 깜빡하고 그대로 반죽해서 구워버린 것이었습니다. 베이킹파우더가 없어 부풀지 않은 반죽은 그대로 주저앉아 떡이 되고 말았던 것이지요. 그날의 부끄러움을 떠올리며 다시 한 번 구워봅니다.

## 파운드케이크 만들기

### 🌽 재료

박력분 120g, 아몬드가루 30g, 우유 50ml, 버터 120g, 달걀 2개, 설탕
40g, 베이킹파우더 ¼작은술, 바닐라오일 ¼작은술(생략 가능)
(모든 재료는 미리 실온에 꺼내 준비해주세요.)

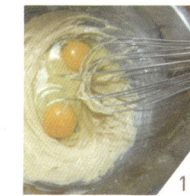

### 🥄 만드는 방법

1 버터를 풀어준 뒤 설탕을 넣고 서걱거리는 소리가 사라질 때까지 거품
기로 섞는다. → 달걀을 넣고 버터와 잘 섞이도록 재빠르게 젓는다.

2 바닐라오일을 넣은 뒤 체 친 박력분과 아몬드가루, 베이킹파우더를 넣
고 섞는다. → 우유를 붓고 날가루가 보이지 않도록 주걱으로 자르듯이
반죽한다.

3 파운드케이크 틀 안쪽에 버터를 골고루 바른 다음 반죽을 붓는다. →
가운데 부분이 오목해지도록 모양을 잡은 뒤 오일 바른 칼로 칼집을 낸
후 굽는다.
(구워지는 동안 칼집을 넣은 부분이 터지면서 예쁘게 모양이 잡힌답니다.)

### 🍓 Tip ● ● ● ● ● ● ● ● ● ● ● ● ● ● ● ● ● ● ● ● ● ● ● ● ●

바닐라오일은 파운드케이크의 풍미를 잘 살려주는 역할을 합니다. 없
으면 넣지 않아도 괜찮아요.

크리스마스 파티 친구
# 구겔호프

크리스마스에는 연말 분위기가 더해져 교회를 다니지 않더라도 설레게 마련이지요. 저희 집은 크리스마스가 다가오면 아이들과 함께 크리스마스트리를 만듭니다. 밤마다 색색의 빛을 반짝이는 크리스마스트리가 아이들에게는 작은 소망을 비는 곳입니다. 크리스마스이브에 산타할아버지가 왔다 가실 거라는 기대에 아이들은 크리스마스트리 곁을 떠나지 못하지요.

크리스마스이브. 아이들에게는 불을 끄고 방 안에 가만히 누워 있으라고 했습니다. 그러면 산타할아버지가 루돌프가 끄는 썰매를 타고 종소리를 울리며 베란다로 들어와서 크리스마스트리에 선물을 놓고 가실 거라고 알려주었지요. 그리고 어떤 소리가 나도 절대 밖으로 나와서는 안 된다고 일러두었습니다.

드디어 불을 끄고 아내와 아이들을 안방에 눕혔습니다. 엄마는 아이들에게 소곤소곤 곧 산타할아버지가 올 테니 조용히 귀를 기울여보자고 말합니다. 물론 아빠는 서재에서 책을 보고 있겠다고 미리 말해두었죠.

모두가 조용히 누워 있을 때, 집에 있는 자그마한 종 하나를 들고 안방 앞 베란다로 살금살금 나갔습니다. 그러고는 들고 있던 종을 흔들었습니다. 처음엔 작게 울리던 종소리는 점점 커집니다. 마치 루돌프가 목에 매단 종을 딸랑거리며

다가오는 것처럼 말이지요.

그때 안방에서 아이들이 흥분하는 목소리가 들려옵니다.

"엄마, 엄마! 종소리가 나요. 산타할아버지가 오셨나봐요."

"그래, 정말 산타할아버지가 오셨나보다. 그런데 혹시 산타할아버지가 가버릴지도 모르니 밖에 나가면 안 돼!"

잠시 후 아빠는 아까와는 반대로 큰 소리에서 작은 소리로 종을 울립니다.

아이들은 신이 났습니다.

"엄마! 이제 산타할아버지가 가시나봐요. 우와! 신기하다. 베란다 문이 닫혀 있는데 어떻게 들어오셨지? 우리가 갖고 싶었던 선물이 있으면 좋겠다. 엄마, 그런데 정말 산타할아버지가 왔다 가신 거예요?"

우리 아이들은 그날의 종소리로 아직도 산타할아버지가 왔다 가셨다고 믿고 있답니다. 적어도 이 글을 보기 전까지는 그렇게 믿고 있겠죠?


크리스마스에 어울릴 만하면서도 간단하게 만들 수 있는 구겔호프를 구웠습니다. 구겔호프는 독일, 오스트리아, 스위스 등에서 주로 먹는 빵인데요, 발효 반죽에 건포도, 견과류 등을 넣고 독특하게 생긴 틀을 이용해 굽습니다.

비슷한 모양의 틀을 사용하지만 파운드케이크 반죽을 이용해서 만드는 것은 번트케이크(Bundt Cake)라고 합니다. 주로 미국에서 디저트용 케이크로 많이 만들어 먹지요. 그러니까 우리가 흔히 구겔호프라고 알고 있는 케이크는 번트케이크에 더 가깝다고 할 수 있습니다. 이름이야 어떻든 우리 가족의 크리스마스에는 구겔호프입니다.

# 구겔호프 만들기

## 📞 재료

바나나 작은 것 2개, 다진 호두 50g, 중력분 130g, 버터 100g, 설탕 50g,
달걀 2개, 베이킹파우더 1작은술

## 🥄 만드는 방법

1 바나나는 포크로 듬성듬성 으깨어 준비한다.

2 실온에 둔 버터를 풀어준 뒤 설탕을 넣고 서걱거리는 소리가 사라질 때
까지 거품기로 섞는다. → 풀어놓은 달걀을 2~3회 나누어 넣으면서 젓
는다.

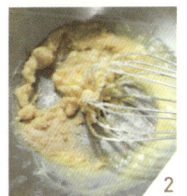

3 체 친 중력분과 베이킹파우더, 으깬 바나나와 다진 호두를 넣고 조심스
럽게 섞는다.

4 버터를 발라놓은 구겔호프 틀에 반죽을 70~80퍼센트 정도 높이로 채
운다. → 기포가 빠지고 반죽이 틀 안에 잘 자리 잡도록 바닥에 툭툭 쳐
준 뒤 굽는다.

## 🧤 Tip

달걀을 한꺼번에 넣어주면 버터와 달걀이 섞이지 않고 분리될 수 있습
니다. 조금 번거롭더라도 2~3회로 나누어 넣어주세요.

━━ 22 ━━

아삭아삭 씹히는 신선함

# 파프리카머핀

꿈꾸는 사람에게 가장 필요한 것이 절실함이라면 제 동생이야말로 그 절실함 하나로 새로운 꿈을 향해 달려가고 있는 사람입니다. 학창시절, 공부 잘하는 형에게 집안의 모든 관심과 애정이 쏟아지는 바람에 본인이 갖고 있던 자질을 발휘할 기회조차 제대로 얻지 못한 동생은, 대학교도 안정적인 직업을 가질 수 있다는 이유만으로 고향에서도 멀고 적성과도 거리가 먼 사범대를 가야 했지요.

학창 시절, 착하기만 했지 한 번도 두각을 나타내지 못했던 내성적인 동생은 대학교에 들어가더니 과대표를 하고 단과대 학생회장에 출마해 당선되기도 하면서 집안을 놀라게 했습니다. 하지만 동생 역시 취업난에서 자유롭지는 못했습니다. 임용고시의 벽은 너무도 높았고, 지방대 지리교육과 졸업장으로 들어갈 수 있는 사립학교는 없었습니다.

동생은 진로를 바꿔 사회생활을 하며 자신의 적성을 찾기 위해 애쓰고 있었습니다. 하지만 사범대를 졸업한 막내아들이 선생님이 되는 것을 보고 싶으셨던 부모님은 지인을 통해 어느 학교의 기간제 교사로 동생을 보냈습니다. 어머니의 절실함 때문에 적성에도 안 맞는 교사 생활을 2년 정도 하는가 싶더니, 어느 날 밤 술에 잔뜩 취한 동생이 전화를 걸어와 이야기를 하더군요. 더 이상 이대로 부모님을 위한 인생을 살 수가 없다며 차라리 죽어버리고 싶다고 했습니다. 동생도 저도 전화기를 붙잡고 펑펑 울었습니다.

　동생은 사실 농사를 짓고 싶다고 했습니다. 어릴 때부터 집안의 농사일을 도우면서 몸에 익기도 했지만 농업에서 새로운 미래를 발견하고 몇 년 전부터 준비를 하고 있었다는 것이지요. 하지만 농사를 짓는 부모님은 농사꾼이 되겠다는 아들을 반대했고 그래서 포기할 수밖에 없었다는 것입니다.

　결국 잘 다니던 학교를 그만두고 서른을 훌쩍 넘긴 동생이 선택한 것은 농업인을 양성하는 학교에 입학하는 것이었습니다. 지금 동생은 높은 경쟁률을 뚫고 당당히 합격한 학교에 다니며 그 꿈을 키워가고 있습니다. 주변의 시선과 가족의 기대 때문에 정해진 삶을 살았던 형은 동생의 용기와 소중한 꿈을 늘 응원합니다.

　그런 동생이 학교에서 실습으로 재배했다며 파프리카를 보내왔습니다. 이 파프리카로 동생에게 가져다줄 머핀 몇 개를 구워봅니다.

난이도 : 중
소요 시간 : 1시간
분량 : 8개
오븐 : 180˚, 25~30분

# 파프리카머핀 만들기

## 🔴 재료

잘게 썬 파프리카 150g, 박력분 200g, 우유 50ml, 버터 150g, 설탕 100g,
달걀 3개, 베이킹파우더 1½작은술
(모든 재료는 미리 실온에 꺼내 준비해주세요.)

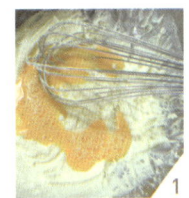

## 🥄 만드는 방법

1 버터를 풀어준 뒤 설탕을 넣고 서걱거리는 소리가 사라질 때까지 거품
 기로 섞는다. → 미리 풀어둔 달걀을 3~4회 나누어 넣고 젓다가 우유
 를 붓고 마저 섞는다.

2 체 친 박력분, 베이킹파우더와 파프리카를 넣고 날가루가 보이지 않을
 때까지 젓는다. → 장식용으로 쓸 파프리카를 조금 남겨둔다.

3 머핀 틀에 유산지를 깔고 ⅔ 정도까지 반죽을 채운 후 남겨둔 파프리
 카를 올려 굽는다.

## 23

달콤한 홍시의 재탄생

# 홍시파운드케이크

시골에 가면 감나무가 없는 집은 찾아보기 힘듭니다. 돈을 벌기 위해 감을 재배하는 농가도 있지만 그렇지 않더라도 마당에 한 그루쯤은 키우기 마련이지요. 손이 많이 가지 않고 만만하게 기를 수 있기 때문이 아닐까 생각합니다.

제 고향 집 마당에도 예전에는 감나무가 두 그루 있었습니다. 마루에서 내려다보면 대문을 기준으로 왼쪽에는 반시라고 하는 납작한 감이 열리는 나무가 있었고 오른쪽에는 가지와 잎은 무성한데 정작 감은 모양도 볼품없고 맛도 없는 나무가 있었지요.

두 나무는 꿋꿋하게 그 자리를 지키고 서 있었습니다. 때가 되면 가지 끝에서 하루가 다르게 돋아나는 밝은 연두색 감잎들이 봄의 시작을 알려주었지요. 하얀 감꽃이 피었다 떨어지면 동생들과 저는 냉큼 그 녀석을 주워다가 실에 꿰어서 반지며 목걸이를 만들곤 했습니다. 친구들과 함께 여린 가지를 못살게 굴면서 오르락내리락 해도 나무는 아무 말 없이 넉넉하게 받아주었지요.

가을이 되어 감이 투명한 주황색으로 익어가면, 뒷산에서 잘라 온 곧고 긴 대나무에 둥그렇게 구부린 철사를 매달고 양파망이나 헌옷을 씌워 감 따는 채를 하나 만듭니다. 그 망을 높이 치켜들어 나무에 대롱대롱 열린 홍시를 낚아

채듯 따먹는 재미가 쏠쏠했지요. 못생기고 맛도 없는 오른쪽 나무의 감은 덜 익은 상태로 따다가 소주와 설탕에 재워서 아랫목에서 삭힌 뒤 먹기도 하고 껍질을 깎아낸 뒤 처마 밑에 주렁주렁 매달아 곶감을 만들기도 했습니다.

겨울이 되면 나무는 앙상한 가지와 쩍쩍 갈라진 나무껍질이 을씨년스러운 모습으로 다시 찾아올 봄을 기다렸습니다.

고향 집 마당에는 늘 그렇게 봄, 여름, 가을, 겨울이 감나무에 머물다 갔습니다. 나무도 오래되면 수명을 다하는지 몇 해 전에는 잎이 달리는 것도 시원찮고 꽃도 제대로 못 피우더니 결국 시름시름 앓다가 나무가 시들어버리더군요. 신기하게도 두 나무가 동시에 말입니다.

제 나이보다 훨씬 더 나이를 많이 먹은 두 나무는 결국 그 다음 해에 잘렸습니다. 이제 그 나무는 없지만 아직도 그루터기는 남아 있어 우리 집 마당에 감나무가 있었다는 걸 기억하게 해줍니다.

나무에 무슨 혼이 있겠냐 싶지만, 어린 저를 넉넉히 받아주고 제가 나고 자라는 모습을 늘 그 자리에서 지켜보았을 그 나무의 혼이 지금도 어딘가에서 저를 지켜주고 있을 것만 같은 생각이 듭니다.

# 홍시파운드케이크 만들기

## ⚖ 재료

홍시 1개, 박력분 120g, 포도씨유 100g, 설탕 50g, 달걀 2개, 베이킹파우더 1작은술

(모든 재료는 미리 실온에 꺼내 준비해주세요.)

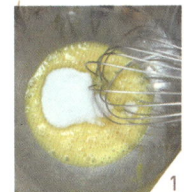

## 🥄 만드는 방법

1 달걀을 풀어준 뒤 설탕을 넣고 설탕이 다 녹을 때까지 거품기로 젓는다. → 포도씨유를 넣고 달걀과 잘 섞이도록 빠르게 젓는다.

2 체 친 박력분과 베이킹파우더를 넣고 날가루가 보이지 않도록 섞는다.

3 껍질을 벗겨 믹서기에 곱게 간 홍시를 넣고 주걱으로 골고루 섞는다.

4 파운드케이크 틀에 반죽을 붓고 칼집을 내준 뒤 굽는다.

 Tip • • • • • • • • • • • • • • • • • • • • • • • • • • • • •

홍시 때문에 반죽이 조금 질게 느껴지지만 굽고 난 뒤에는 촉촉한 파운드케이크로 변신한답니다.

### 24
진한 커피와 함께하는 아침에
# 호두아몬드브라우니

'나도 아내가 있었으면'이 아니라 아내가 되었으면 좋겠다고 생각한 적이 있습니다. 얼마 전까지만 해도 회사를 다니다가 아이들 양육에 전념하겠다며 회사를 그만두고 전업주부의 길로 들어선 아내가 무척이나 부러웠지요. 그래서 아내에게 내가 주부를 할 테니 당신이 나가서 회사생활을 해라, 그 대신 내가 제대로 된 주부의 모습을 보여주겠노라고 호언장담을 하기도 했습니다. 아내는 피식 웃고 말더군요.

사실 아내가 되고 싶다는 제 바람은 순전히 아침에 일어나는 게 힘들고(밤 늦게까지 딴짓을 해놓고 말이죠), 회사에 가기가 귀찮고, 회사 일이 바빠 내 마음대로 몸과 마음을 쓰지 못하기 때문이었습니다. 회사생활의 가장 힘든 모습과 전업주부의 가장 한가한 모습이 묘하게 대비되면서 전업주부의 삶이 회사에 다니는 것보다 훨씬 더 여유로워 보였던 것이지요.

전업주부의 화려한(!) 삶을 이야기할 때 제 머릿속에는 대강 이런 장면이 떠오르더군요. 남편 출근시키고 아이들을 다 학교에 보낸 뒤 홀로 여유롭게 맞는 아침, 베란다 창으로는 싱그러운 햇살이 들고 라디오에서는 감미로운 음악이 흘러나오고, 책장에서 책 한 권 꺼내들고 거실 소파에 앉아 커피 한 잔에 달콤 쌉쌀

한 브라우니 한 조각을 곁들이며 나만의 시간을 보내는 그런 장면 말이지요.

하지만 현실이 그렇지 않다는 것을 깨닫는 데에는 얼마 걸리지 않았습니다. 전업주부의 현실은 이렇더군요. 아이들을 깨워 밥 먹이고, 씻기고, 옷 입히고, 머리 만져주고, 준비물 챙겨주고, 학교와 어린이집에 보낸다. 집으로 돌아와 난장판인 집을 정신없이 치우고 설거지하다 보면 어느새 아이들이 돌아올 시간. 데려와서 점심을 만들어 먹이고 간식을 만들어주고 학원에 보내고 나면 다시 저녁 차릴 시간. 저녁을 먹고 설거지하고 나면 아이들 숙제를 챙겨주고 씻기고 책 읽어주고 재우기. 그다음에 빨래까지 걷어 정리한 뒤에야 드디어 엄마도 씻고 잘 시간이 됩니다.

전업주부의 시간은 그렇게 한가하게 흘러가는 것이 아니더군요. 차라리 회사에서 상사와 동료들과 업무에 시달리더라도 머릿속으로 꿈꾸고 상상했던 그런 여유로움이 없다면 차라리 직장인이 낫겠다 싶었습니다. 그래서 저는 오늘도 열심히 회사에 나간답니다.

집에서 바쁘게 보냈을 아내를 위해 오늘은 브라우니를 구워봅니다. 여유로운 전업주부의 꿈을 여전히 포기하지 못한 채 말이지요.

# 호두아몬드브라우니 만들기

## 🥜 재료

호두 50g, 아몬드 50g, 다크 초콜릿 150g, 코코아가루 20g, 박력분 100g, 버터 150g, 설탕 120g, 달걀 4개

## 🥄 만드는 방법

1 호두와 아몬드는 물에 3~4분 정도 불렸다가 180도 오븐에서 약 10분 간 구운 뒤 믹서기로 듬성듬성 갈아둔다.

2 다크 초콜릿과 버터는 중탕으로 녹인다.

3 달걀을 풀어준 뒤 설탕을 넣고 설탕이 다 녹을 때까지 거품기로 젓는 다. → 녹인 버터와 초콜릿을 넣고 잘 섞는다.

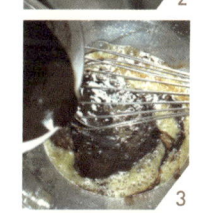

4 체 친 박력분과 코코아가루, 호두와 아몬드를 넣고 날가루가 보이지 않 도록 주걱으로 섞는다.

5 유산지를 깐 사각 틀에 반죽을 붓고 바닥에 툭툭 쳐서 기포를 제거한 뒤 굽는다

━ 25 ━

멋진 아빠로 남아 있을게

# 마들렌

아직은 퇴직한 후의 삶을 심각하게 고민할 나이는 아니지만 노후 준비는 모든 직장인에게 평생의 숙제와도 같은 것입니다. 노후 준비는 빠를수록 좋다고 하더군요. 괜히 저의 노후를 생각해보게 되었습니다. 어떤 모습이라면 가장 걱정스러울지 그 생각부터 먼저 하게 되더라고요.

일정한 수입도, 모아놓은 돈도 없이 맞이해야 하는 노후도 걱정스럽지만 하루하루 눈을 뜰 때마다 "오늘은 또 무엇을 해야 하나?" 고민하고 막막해하는 모습을 떠올리니 그것이야말로 가장 걱정스러웠습니다. 돈도 돈이지만 할 일 없는 사람이 되지는 말아야겠다고 다짐했습니다.

사실 직장인 월급이야 빤한 것이어서 노후 준비를 하는 것도 고만고만합니다. 적금을 붓고 보험에 가입하고 재테크를 하겠지요. 최대한 오래 다니기 위해 회사에 몸과 마음을 바치는 것도 중요할 겁니다. 회사를 다닐 때처럼 돈을 벌지는 못하더라도 자의든 타의든 회사를 떠났을 때 할 수 있는 일을 준비하는 것, 제 눈에는 그게 가장 중요해 보였습니다.

회사는 직원들에게 적당한 긴장감과 안식을 주기 때문에 직장인들은 회사라는 보호막이 없어진 상황에 대해 생각하는 것을 두려워하는 경향이 있습니다. 매달 꼬박꼬박 나오는 고정적인 수입이 없어진다고 생각하면 우선 저부터도 대출금과 관리비를 비롯한 생활비, 아이들 교육비를 걱정하게 되니까요. 하지만 언제까지나 회사에 다닐 수는 없는 노릇이니 마냥 모른 체하고 지낼 수도 없습니다.

회사 일을 소홀히 하면서까지 노후를 준비하자는 이야기는 아닙니다. 그저 커나가는 두 딸을 바라보며 나중에 이 아이들에게 짐이 되고 싶지 않다는 생각에 그런 고민을 하는 듯합니다. 무엇보다 딸들에게 계속 멋진 아빠로 남아 있고 싶은 그 마음이 할 일 없는 사람이 되지 말아야겠다는 다짐을 하게 하는 것 같네요.

베이킹은 그렇게 찾은 취미 중 하나입니다. 전문가는 아니지만 적당한 수준으로 즐길 수 있는 취미가 있다면 퇴직 후의 삶이 팍팍하지는 않겠다 싶었습니다. 물론 직장을 다니는 이 순간에도 이 취미는 제 생활을 풍요롭게 만들어주고 있지요.

마들렌을 굽는 아빠, 멋지지 않나요? 훗날 제 손자손녀에게 마들렌을 구워주는 멋진 할아버지가 될 때까지, 전 계속 빵을 굽고 과자를 만들 겁니다. 대한민국 모든 아빠들에게 정말 추천하는 취미라니까요.

# 마들렌 만들기

##  재료

박력분 100g, 아몬드가루 20g, 버터 100g, 설탕 80g, 달걀 2개, 베이킹파
우더 ½작은술
(모든 재료는 미리 실온에 꺼내 준비해주세요.)

## 만드는 방법

1 달걀을 풀어준 뒤 설탕을 넣고 설탕이 다 녹을 때까지 거품기로 젓는다.

2 체 친 박력분과 아몬드가루, 베이킹파우더를 넣고 날가루가 보이지 않
   을 때까지 섞는다.

3 반죽에 물처럼 녹인 버터를 넣고 재빠르게 저어 섞은 후 냉장실에서 1시
   간 정도 휴지시킨다.

4 완성된 반죽을 마들렌 틀에 80퍼센트 정도 채운 후 굽는다.

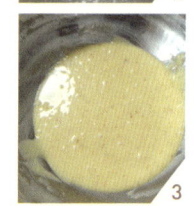

### Tip ●●●●●●●●●●●●●●●●●●●●●●●●●●●●●●●

마들렌이나 아몬드튀일처럼 반죽의 유동성이 중요한 경우에는 약한
불에 버터를 끓여서 물처럼 녹인 뒤 사용합니다. 이때 식히지 않고 반
죽에 넣으면 달걀이 익어버리기 때문에 녹인 후에는 버터를 한 김 식
힌 뒤 사용해야 합니다.

## 26

아빠는 빵을 좋아해
# 초코컵케이크

회사 일이 힘들 때에는 오히려 집에 일찍 들어와서 요리를 합니다. 어떤 일로 몸과 마음이 고단할 때에는 그 일과 무관한 다른 일에 집중해서 성취감을 맛보는 것이 스트레스를 해소하는 데 좋다고 하는데요, 제게는 베이킹이 그런 '다른 일'입니다. 집에 돌아와 아이들을 재우고 평소에 자주 만들던 빵을 구웠는데 의도대로 모양과 맛이 다 만족스러울 때면 회사에서 받았던 스트레스는 다 날아가지요.

하지만 직장을 다니는 아빠가 하는 베이킹은 사실 좀 투박합니다. 솜씨 좋은 엄마들처럼 보기에도 군침이 도는 예쁜 모양을 만들어내거나 빵에서부터 케이크, 쿠키, 파이 등 다양한 장르를 넘나들면서 파티셰 뺨칠 정도로 척척 만들어내지는 못하지요. 블로그 이웃들의 솜씨를 보면 이분들이 집에서 취미로 빵을 굽는 분인지, 전문 파티셰인지 구분되지 않을 때가 많아요. 다들 어쩌면 그렇게 솜씨가 좋은지 부럽기만 할 따름입니다.

맛도 모양도 보장할 수 없지만 아빠의 거친 손으로 빵을 하나하나 만들어나가는 이유는 여러 가지입니다. 감자, 고구마나 구워 먹자는 가벼운 마음으로 오븐을 사기는 했지만 정말로 감자나 고구마를 구울 때 말고는 쓰지를 않으니 본전 생각이 나더라고요. 게다가 아내와 두 딸이 아빠가 만든 과자와 빵을 좋아해주니 재미가 붙었습니다. 고맙기도 하고 짜릿하기도 했지요. 또 한 가지. 그저 정해진 레시피를 그대로 따라할 뿐인데도 베이킹을 하는 동안 벌어지는 재료의 물리적, 화학적 변화는 지금도 너무나 신기합니다.

무엇보다 내 투박한 손끝에서 나만의 작품(!) 하나가 탄생한다는 사실은 홈베이킹의 크나큰 매력이지요. 만들 수 있는 빵의 종류가 많아지면서 투박하기만 한 베이킹에서 한 걸음 더 나아가보고 싶은 욕심이 생기기 시작했습니다. 때마침 아이들도 어디서 보고 왔는지 아빠는 왜 예쁘고 아기자기한 초코케이크 같은 것은 못 만드느냐며 보챘습니다. 전문 파티셰들이 만드는 화려하고 섬세한 케이크는 만들지 못하지만, 아빠가 가진 기술과 도구를 최대한 활용해서 초코컵케이크를 만들어보았습니다.

만드는 데 드는 시간과 비용을 따져보면 사실 집에서 직접 만드는 것보다 동네 빵집에 가서 사는 것이 훨씬 저렴합니다. 숙련된 전문가들이 오랜 연구 끝에 만들어내는 것이니 모양이나 맛에서도 당연히 차이가 나지요.

그렇지만 먹고 싶은 빵과 과자를 내 손으로 직접, 언제든 마음대로 구울 수 있다는 것은(물론 내공에 따라 종류의 제한을 받기는 합니다만) 홈베이킹을 계속할 수밖에 없는 이유입니다. 생산적이면서 정신 건강에도 좋은 아빠의 베이킹은 앞으로도 쭉 계속됩니다.

# 초코컵케이크 만들기

## 🥄 재료

생크림 100ml, 코코아가루 20g, 박력분 80g, 달걀 3개, 설탕 90g
(모든 재료는 미리 실온에 꺼내 준비해주세요.)

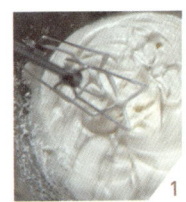

## 🥄 만드는 방법

1 달걀은 흰자와 노른자를 분리해 준비한다. → 흰자에 설탕을 2~3회 나누어 넣으면서 단단하게 핸드믹서로 휘핑하고, 노른자는 베이지색이 나도록 휘핑한다.

2 노른자와 흰자를 한데 넣고 거품이 가라앉지 않도록 조심스럽게 섞은 뒤 체 친 박력분과 코코아가루를 넣고 섞는다.

3 유산지를 깐 틀에 반죽을 붓고 구운 뒤 식혀둔다.

4 생크림을 단단하게 핸드믹서로 휘핑한다.

5 컵 크기에 맞추어 케이크 시트를 자른 뒤 컵 안에 시트와 생크림을 번살아가며 담는다.

## 🧤 Tip ••••••••••••••••••••••••••

머랭은 달걀흰자를 거품 낸 것을 말합니다. 머랭을 만들 때는 들어 올렸을 때 뿔 모양이 유지될 정도로 단단하게 휘핑해야 하는데요, 핸드믹서를 이용하면 쉽게 만들 수 있습니다. 핸드믹서가 없다면 거품기로 힘껏 저어주세요.

## 27

고소한 술빵을 닮은
# 카스텔라

"막걸리 한 병 사 와라."

둘째 고모 댁에 놀러 가면 고모는 늘 술빵을 만들어주셨습니다. 고모의 술빵에는 꼭 막걸리가 들어갔지요. 몇 해 전 세상을 떠난 둘째 고모는 요리사였습니다. 정식으로 요리를 배우지 않아 자격증 같은 것은 없었지만 고향 김천에서는 여러 식당에서 서로 데려가려고 할 정도로 솜씨가 좋았답니다. 한식이면 한식, 양식이면 양식, 못하는 요리가 없었고 고모가 일하는 식당에서 가끔 맛있는 요리를 얻어먹곤 했지요.

학교만 끝나면 맛있는 음식 천국인 고모 댁에 우르르 몰려가는 것이 그 시절 저희 삼남매의 낙이었습니다. 그럴 때 고모가 늘 만들어주던 것이 술빵과 찐빵이었습니다.

고모의 술빵은 아궁이 위에 걸린 가마솥에서 만들어졌습니다. 가마솥에 물을 붓고 아궁이에 장작불을 때어 물을 끓이다가 김이 올라오면 삼베 천을 깐 채반 위에 막걸리로 발효시킨 반죽을 올려 한 김 쪄내지요. 김이 모락모락 나는 노릇한, 카스텔라처럼 촉촉하고 부드러운 술빵이 마술처럼 만들어졌답니다.

간식거리가 흔하지 않던 시절 고모의 술빵과 찐빵은 저희 어머니는 절대 만들어주시지 않는 '완소 아이템'이었습니다. 그 어린 시절, 아마도 저는 고모가 해주는 그 맛난 술빵을 평생 먹을 수 있을 줄 알았겠지요.

　　나이가 들면서 고모의 술빵을 먹을 일은 거의 없었지만 그래도 언제든 마음만 먹으면 고모에게 술빵을 해달라고 할 수 있을 것 같아서 마음은 든든했습니다. 요리도 잘하고 술빵도 잘 만들던 멋진 고모였지만 삶은 그다지 순탄하지 않았나봅니다. 멀리 떨어져 사느라 자세한 사정은 모르지만 여러 가지 우환이 겹치면서 평소에도 고혈압과 두통을 호소하던 고모가 어느 날 뇌출혈로 쓰러졌다는 연락이 왔던 것이지요.

　　쓰러진 고모는 호흡기에 의존하는 상태로, 아무도 알아보지 못하고 숨 쉬는 것 말고는 아무것도 할 수 없는 사람이 되어 있었습니다. 자식들도 다 커서 이제 좀 살 만해졌는데, 앞으로는 고생할 일보다 편할 일이 많은데 고모는 뭐가 그리 급했는지 당신의 어머니보다 훨씬 더 먼저 세상을 떠났습니다.

　　하나뿐인 오빠의 아들이라고 저를 예뻐해주시던 기억만 생생합니다. 국도변에 까는 술빵을 볼 때마다, 노란 속살이 비슷한 카스텔라를 볼 때마다 문득문득 고모가 떠오릅니다.

# 카스텔라 만들기

## 🍳 재료

강력분 120g, 우유 30ml, 설탕 120g, 달걀 4개, 표면에 바를 버터 약간
(모든 재료는 미리 실온에 꺼내 준비해주세요.)

## 🥄 만드는 방법

1  달걀은 흰자와 노른자를 분리해 준비한다. → 흰자에 설탕을 2~3회 나
누어 넣으면서 단단한 머랭이 될 때까지 핸드믹서로 4~5분 정도 휘핑
한다. → 노른자는 베이지색이 날 때까지 3~4분 정도 휘핑한다.

2  노른자와 흰자를 한데 넣고 거품이 꺼지지 않도록 조심스럽게 섞은 뒤
우유를 넣고 마저 섞는다.

3  체 친 강력분을 3~4회 나누어 넣으면서 날가루가 보이지 않도록 주걱
으로 섞는다.

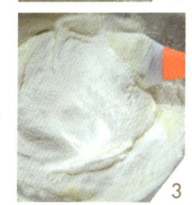

4  유산지를 깐 원형 틀에 반죽을 붓고 바닥에 툭툭 쳐서 기포를 제거한다.

5  1차로 구운 후 온도를 낮춰 2차로 다시 굽는다. → 버터를 바른 유산지
위에 올려 10분 정도 두었다가 식힘망으로 옮겨 식힌다.
(한 김 식힌 다음 랩으로 싸서 냉장 보관하면 촉촉한 상태가 유지되어 더욱 맛
있게 먹을 수 있습니다.)

## 💗 Tip ∙∙∙∙∙∙∙∙∙∙∙∙∙∙∙∙∙∙∙∙∙∙∙∙∙∙∙∙∙∙∙∙∙∙∙∙∙∙∙∙

카스텔라는 달걀 거품을 풍성하게 내는 것이 핵심인데요. 달걀을 분리
하지 않고 통째로 거품을 낼 수도 있지만 노른자와 흰자를 분리하면
더 쉽게 만들 수 있습니다.

## 28

제과점 부럽지 않아

# 딸기잼롤케이크

평일에 일찍 퇴근한 후 집에 돌아와 빵이나 과자를 구울 때가 있습니다. 이럴 때에는 그 결과물을 절반만 집에 두고 나머지는 회사에 가져갑니다. 평소에 도움을 많이 주는 동료들에게 고마운 마음을 표현하는 데는 직접 만든 빵을 함께 나누는 것만큼 좋은 게 없더라고요.

그래봤자 회사에 들고 가는 것들은 식빵이나 바게트, 간단한 쿠키처럼 만들기 쉬운 것들이 대부분입니다. 좋은 뜻으로 회사에 가져가기는 하지만 사실 동료들은 저의 평가단이기도 합니다. 이들의 평가가 다음 번 베이킹에 반영될 때가 많지요.

출근한 뒤 가방에서 주섬주섬 빵을 꺼내 한 조각씩 건네주면 동료의 대부분인 후배들은 영 아닌 경우만 아니라면 대개 맛있다고 해줍니다. 제가 선배이니 별 수 있나요. 하지만 동갑내기 절친인 L은 언제나 냉철하게 평가를 합니다. 솔직하고 거침없는 것이 매력인 이 친구는 미식가 수준은 아니겠지만 미묘한 맛의 차이를 잘 발견해내는 신기한 재주를 가지고 있지요. 집에서 미리 맛보면서 저혼자 조금 이상하다고 생각한 부분들을 어떻게 알고 콕 집어냅니다. 그의 지적은 정확한 경우가 대부분이라 빵을 더 맛있게 만드는 데 도움이 많이 되지요.

가끔은 직접 구운 빵이 아니라 선물로 받은 빵을 회사에 가져가기도 하는데요, 사람들은 그것도 제가 만든 줄 알더라고요. 저는 그리 섬세하고 꼼꼼한 사람이 아니라서 모양이 예쁘고 깜찍하거나 난이도가 제법 있는 빵은 잘 못 만드는데, 그런 빵을 가져가면 동료들이 깜짝 놀라면서 이것도 직접 만든 거냐고 진심 반, 의심 반으로 물어오기도 합니다.

그래서 아예 그런 빵을 가져갈 때는 베이커리의 상표가 잘 보이도록 놓거나, 이건 내가 만든 것이 아니라고 미리 말해줍니다. 그렇게 내가 만든 것이 아니라는 말을 가장 많이 했던 빵이 바로 롤케이크였습니다. 몇 번 그러고 나니 괜히 오기가 생겨 이왕 하는 김에 이것도 만들어봐야겠다 싶은 마음이 생기더군요.

그래서 만든 롤케이크입니다. 회사에 들고 가서 제가 만든 것으로 보이는지 사 온 것으로 보이는지 한번 물어봐야겠습니다.

난이도 : 상
소요 시간 : 1시간
분량 : 지름 8cm 길이 18cm 크기 1개
오븐 : 180°, 15분

# 딸기잼롤케이크 만들기

## 재료

딸기잼 2큰술, 박력분 60g, 우유 30ml, 버터 30g, 설탕 60g, 달걀 4개

## 만드는 방법

1 실온에 둔 달걀에 설탕을 2~3회 나누어 넣고 중탕하며 핸드믹서로 휘핑한다.
(중탕하며 휘핑하면 머랭이 더 잘 올라옵니다.)

2 거품이 요플레 정도의 농도로 올라오면 중탕으로 녹인 버터와 우유를 넣고 섞는다.

3 2~3회 체 친 박력분을 넣고 날가루가 보이지 않도록 주걱으로 잘 섞는다.
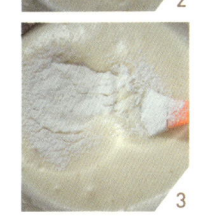

4 유산지를 깐 팬에 반죽을 붓고 윗면을 평평하게 한다. → 팬을 바닥에 툭툭 쳐서 기포를 제거한 뒤 노릇하게 구워 식힌다.
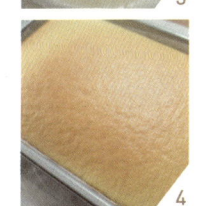

5 유산지를 벗겨낸 케이크 시트에 딸기잼을 골고루 바르고 부드럽게 말아준다.

## Tip

냉장고에 1시간 정도 보관했다가 알맞은 크기로 잘라서 드세요. 냉장고에 넣어두면 더 촉촉해진답니다.

**■━■ 29 ■━■**

달콤한 사과의 맛을 오래오래

## 사과파이

제가 초등학생이던 시절, 지금은 자두를 키우는 고향 집 과수원에는 사과나무가 가득했습니다. 과수원의 낭만은 어쩌다 시골을 방문하는 도시 사람들의 몫일 뿐, 농사짓는 사람들에게는 작물을 선택하는 것 하나하나가 생존을 위한 몸부림입니다. 그 당시 고향에서는 사과를 많이 키워서 동네 어디를 가든 봄에는 하얀 사과꽃이, 가을에는 빨간 사과가 지천이었지요.

우리 과수원에서도 당도와 저장성이 뛰어난 일본 품종인 부사(후지)를 비롯해서 지금은 그 이름도 생소해진 국광, 홍옥, 스타킹(스타크림슨), 고리땡(골든 딜리셔스), 아오리 같은 사과나무를 길렀습니다.

그래서 늦여름부터 늦가을까지는 아무 때나 과수원에 나가서 사과나무 위에 말 그대로 주렁주렁 달려 있는 사과를 마음대로 따 먹을 수 있었지요. 부모님은 사과농장으로 큰돈을 벌지는 못하셨지만 과수원집 아들은 세상에서 가장 싱싱한 사과를 언제고 원 없이 먹을 수 있는 호사를 누릴 수 있었답니다.

사과 품종마다 다 그 나름대로의 매력이 있었지만 제가 제일 좋아하는 사과는 따로 있었습니다. 가을에 사과를 수확하면 사다리를 아무리 높이 올려보아도 따기 어려운 사과가 나무마다 꼭 한두 개씩은 있었지요. 그것마저 알뜰하게 따서 팔 수 있지만 까치밥이라는 넉넉한 이름으로 남겨두는 것이 시골 사람들의 여유였습니다. 제가 좋아하는 사과는 바로 그 까치밥이었습니다.

까치밥으로 남겨두어도 까치가 다 먹지 못하고 남는 사과들이 있는데요, 그 사과는 가지 끝에서 위태롭게 겨울을 납니다. 눈이 내리면 눈을 맞고 비가 오면 비를 맞고 추운 날에는 얼었다가 날이 조금 풀릴라 치면 녹기를 반복합니다. 이미 뿌리와 줄기에서 어떤 생명도 지원받지 못한 채 매달려 있던 사과는 눈이 내리는 어느 날 그 가벼운 눈 무게 하나 이기지 못하고 땅으로 툭 떨어집니다. 그렇게 바닥에 떨어진 사과는 이미 아름답던 붉은색을 잃은 채 쭈글쭈글해진 상태지요.

그 사과를 집어 들어 껍질에 잇자국을 내고 얼마 남지 않은 과즙을 쭉 빨아들입니다. 그러면 이가 시릴 정도로 시원하고 다디단 과즙이 입 안 가득 퍼집니다. 몇 방울 안 되는 그 사과즙에는 겨우내 모이고 모인 사과의 모든 것이 응축되어 담겨 있는 것입니다. 눈 덮인 겨울의 사과 과수원에는 그 어떤 사과즙으로도 흉내낼 수 없는 사과가 있습니다. 그때 그 사과를 다시 맛볼 날이 올까요?

## 사과파이 만들기

### 🍯 재료

**파이 반죽** : 박력분 120g, 버터 50g, 슈거파우더 30g, 달걀 1개, 표면에 바를 우유 약간

**필링** : 사과 400g, 계피가루 1큰술, 설탕 80g

### 🥄 만드는 방법

1 직육면체로 썬 사과에 설탕과 계피가루를 넣고 끈적끈적해질 때까지 졸인 후 식힌다.

2 체 친 박력분에 슈거파우더를 넣고 섞은 뒤 버터를 넣고 스크래퍼로 잘게 자른다. → 포슬포슬해지도록 손으로 반죽한다.

3 밀가루에 동그랗게 홈을 내고 달걀을 넣어 반죽한다. → 비닐에 싸서 냉장실에 넣고 1시간 휴지시킨다.
(너무 세게 치대면 바삭한 식감이 떨어지니 주의하세요.)

4 얇게 빈 반죽을 타르트 틀 위에 올리고 안쪽으로 꼼꼼하게 밀어 넣은 후 남은 반죽을 정리한다. → 반죽이 부풀어 오르는 것을 방지하기 위해 포크로 구멍을 낸 후 졸인 사과를 가득 채운다.
(밀대로 윗부분을 한 번 밀면 깨끗하게 떨어집니다.)

5 남은 반죽을 얇게 밀어 2cm 너비로 잘라 격자 모양으로 덮어준 후 겉에 우유를 발라주고 굽는다.

## 30

베이킹 도구를 모으다 보면 어느새

# 호두타르트

남자들이 취미를 즐기는 데에는 공통점이 한 가지 있습니다. 장비에 대한 애착과 사랑이 취미의 절반을 차지한다는 것입니다. 남성 전문 잡지나 TV 프로그램에서도 각종 기계나 장비를 빼놓지 않고 다루는 것을 보면 남자들의 '장비 사랑'은 어쩌면 수컷의 본능 같은 것인지도 모르겠다는 생각이 듭니다.

저도 남자인지라 장비에 대한 욕심이 없다고는 못하겠네요. 경제적인 제약 때문에 사고 싶은 장비를 무작정 사들이지 못한다는 것이 차라리 다행일까요? 다만 좋아하는 몇 가지 취미와 관련된 장비는 중저가로 사 모으는 편입니다.

목공구, 전동공구, 각종 철물 자재와 같은 인테리어 관련 품목이나 요리를 도와주는 주방기구와 그릇에는 자꾸 눈이 갑니다. 홈베이킹을 하면서도 그동안 사 모은 것이 꽤 되더군요. 베이킹 고수들만큼 많은 장비를 다 갖추지는 못했지만 오븐에서부터 각종 틀, 커터, 포장지, 핸드믹서, 빵칼, 돌림판, 스패튤러, 저울, 짤주머니와 깍지, 실리콘 붓, 식힘망, 밀가루 체 등, 하나둘씩 모은 베이킹 도구들이 제법 갖추어져 있습니다.

장비를 모으는 사람의 특징 한 가지는 가지고 있는 장비의 절반 이상을 두세 번밖에 쓰지 않는다는 것입니다. 제가 가진 베이킹 도구 가운데에도 그런 것들이 좀 있는데요, 사놓고서 가장 오랫동안 사용하지 않은 것이 바로 타르트 틀이었습니다.

꽃무늬처럼 올록볼록한 테두리에 바닥이 분리되는 신기한 타르트 틀을 보자마자 바삭하고 달콤한 타르트를 금방이라도 구워낼 수 있을 것 같아서 덜컥 사버렸는데, 오늘 내일 하면서 미루다가 결국 2년 동안 한 번도 써보지 못했답니다. 타르트처럼 준비해야 할 재료가 조금 많다 싶으면 특별히 마음먹지 않는 한 선뜻 만들기가 어렵더라고요.

베이킹 도구들을 정리하다가 문득 타르트 틀이 눈에 들어왔습니다. 내가 이 친구한테 그동안 너무 무심했다는 생각이 들어 호두타르트를 만들기로 했습니다. 참고로 타르트는 쇼트크러스트 반죽 위에 달콤하거나 짭짤한 필링을 넣어서 구워내는 것인데요, 프랑스에서는 타르트, 미국이나 영국에서는 주로 파이라고 불립니다.

여러분은 어떤 장비를 사두고 아직 한 번도 쓰지 않으셨나요? 누구에게나 그런 것 하나쯤은 있겠지요? 설마 저만 그런 건가요?

| 난이도 : 상 |
| 소요 시간 : 2시간 30분 |
| 분량 : 지름 15cm 크기 1개 |
| 오븐 : 180°, 35분 |

# 호두타르트 만들기

## 🔔 재료

**타르트 반죽** : 박력분 100g, 버터 50g, 슈거파우더 30g, 달걀 1개

**필링** : 호두 50g, 아몬드가루 50g, 버터 50g, 설탕 50g, 요리당 30g, 달걀 1개, 바닐라오일 ¼작은술

## 🥄 만드는 방법

1 팁의 설명 중 원하는 방식을 골라 반죽을 만든 뒤 비닐에 넣고 납작하게 눌러 냉장실에서 1시간 휴지시킨다.

2 반죽을 약 3mm 정도의 두께로, 타르트 틀보다 조금 크게 밀어준 뒤 틀 안에 밀착시킨다. → 남은 반죽을 떼어내고 포크로 바닥에 구멍을 낸다.

3 필링을 만들 재료를 준비한다. 실온에 둔 버터를 풀어준 뒤 설탕을 넣고 섞는다. → 달걀과 바닐라오일을 넣고 크림 상태가 되도록 반죽한 후 아몬드가루를 넣고 섞는다.

4 호두는 물에 10분 정도 불렸다가 오븐이나 팬에 10분 정도 구운 뒤 요리당을 넣고 살짝 졸인다. → 졸인 호두를 3에 넣고 필링을 완성한다.

5 완성된 필링을 2에 95퍼센트 정도 채운 뒤 굽는다.

## 💗 Tip ●●●●●●●●●●●●●●●●●●●●●●●●●

타르트 반죽을 만드는 방법은 두 가지가 있습니다.
1. 실온에 둔 버터를 둔 풀어준다 → 슈거파우더를 넣고 섞는다 → 달걀을 2~3회 나누어 넣으며 섞는다 → 체 친 박력분을 넣고 반죽한다.
2. 푸드프로세서에 박력분, 슈거파우더, 달걀, 잘게 자른 차가운 버터를 한꺼번에 넣고 돌려준다.

31

아빠 손은 약손 아빠손파이

# 하트파이

회사를 다니는 직장인 아빠는 주말을 제외하고는 아이들 키우는 일에서 한 발짝 떨어져 있는 것이 현실입니다. 마음은 그렇지 않더라도 말이지요. 야근을 많이 하는 회사에 다니는 아빠라면 주중에는 아이들의 얼굴도 제대로 못 보는 경우가 허다합니다.

하지만 아빠라고 해서 집에 있는 아이들 소식이 궁금하지 않은 것은 아닙니다. 학교에는 잘 갔는지, 학교에서 별일은 없었는지, 학원은 재미있어 하는지, 아빠를 보고 싶어 하지는 않는지, 바쁜 틈 속에서도 아이들이 궁금합니다.

어쩌다 아이가 아프다는 소식이라도 들려오면 일이 손에 잡히지 않습니다. 그렇다고 아이들이 아플 때마다 번번이 휴가를 쓸 수 있는 용감한 직장인이 몇이나 되겠습니까? 아이들이 아프다고 하면 아빠들은 그저 "병원에는 다녀왔어?" "약은 얼마나 먹어야 한대?" "괜찮은 거지?" "오늘 일찍 갈게"라고 말하는 것밖에 할 수 있는 것이 없지요.

일찍 가겠다고 굳게 약속했지만 일을 하다보면 그러지 못할 때도 있습니다. 안타깝게도 우리의 직장은 여전히 아이가 아프다고 아빠가 집에 일찍 들어가는 것을 잘 이해하지 못하는 분위기니까요. 잠자는 시간 빼고는 항상 마주하는 직장 동료와 회식하는 일이 아픈 아이를 간호하는 것보다 더 중요하게 여겨지는 것이 지금 우리나라 직장의 현실입니다.

그럴 때 엄마는 "무슨 아빠가 아이가 아픈데도 살짝 빠져나오지 못하느냐"며 아빠의 무관심을 타박하지만, 그건 무관심이 아니고 가족들을 위해 생존해야 하는 아빠의 불가피한 선택일 때가 많습니다. 그래서 아빠의 마음도 마냥 편하지는 않지요.

하트파이는 아이들이 아플 때 늦게 퇴근한 아빠의 미안한 마음을 담아 가끔 만들어주는 간식입니다. 시판 과자 중에서 '엄마손파이'라는 제품이 있는데, 이 하트파이는 말하자면 '아빠손파이'라고 할 수 있겠네요. 아빠의 손이 아이들의 아픈 곳을 낫게 해주는 약손이 되기를 바라는 마음으로 만들어봅니다.

난이도 : 상
소요 시간 : 2시간
분량 : 20~25개
오븐 : 180°, 20~25분

# 하트파이 만들기

### 🧈 재료

박력분 200g, 우유 80ml, 버터 150g, 설탕 15g, 소금 4g, 표면에 뿌려줄 설탕 약간

(모든 재료는 차가운 상태로 준비해주세요.)

### 🥄 만드는 방법

1 박력분, 설탕, 소금을 체 친 뒤 버터를 올리고 스크래퍼로 잘게 자른다. → 포슬포슬하게 손으로 반죽한다.

2 밀가루에 동그랗게 홈을 내고 우유를 부어준 후 반죽한다. → 한 덩어리로 만들어 비닐이나 랩으로 감싸 냉장실에서 1시간 정도 휴지시킨다.
   (너무 세게 치대면 바삭한 식감이 떨어지니 주의하세요.)

3 반죽을 직사각형 모양으로 밀어준다. → 1/3 크기로 두 번 포개어 접은 후(삼절 접기) 냉장고에서 20분 정도 휴지시킨다. → 이 과정을 3회 반복한다.

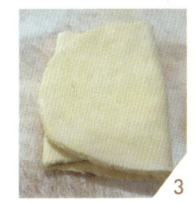

4 여분의 설탕을 바닥에 고루 뿌린 후 반죽을 길게 밀어준다. → 양쪽 끝에서부터 말아준 뒤 냉장실에서 20분 정도 휴지시킨다.

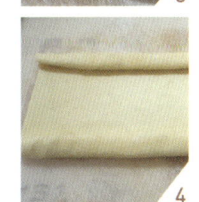

5 반죽을 약 1cm 두께로 잘라 유산지를 깐 팬에 올려 굽는다.
   (실을 이용하면 단면이 매끄럽게 잘려서 쉽게 모양을 만들 수 있어요.)

### 🧤 Tip ● ● ● ● ● ● ● ● ● ● ● ● ● ● ● ● ● ● ● ● ●

바삭한 식감을 얻기 위해 버터를 찬 상태로 유지하는 것이 중요합니다. 특히 삼절 접기를 할 때마다 냉장고에서 휴지시켜야 하는데, 버터가 녹지 않을 정도로 반죽을 빠르게 접으면 매번 휴지시키지 않아도 결과가 나쁘지 않습니다. 바쁠 때에는 속도를 내보세요!

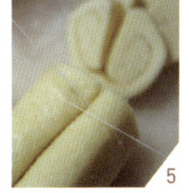

## Part III

# 베이킹의 진짜 매력! 빵

쿠키와 케이크도 좋지만 역시 베이킹의 완성은 빵입니다. 글루텐이 잘 생성되도록
반죽을 치대야 하고 이스트를 이용해 발효도 시키느라 시간은 오래 걸리지만 하얗
던 밀가루가 쫄깃하고 부드러운 빵으로 변신하는 순간은 참 매력적입니다. 집 안
가득 퍼지는 진한 빵 냄새도 빼놓을 수 없지요. 발효빵의 매력을 발견했다면 여러
분은 이미 진정한 홈베이커입니다.

### 32
### 발효빵의 기본
# 식빵

아이들에게 내 손으로 빵과 과자를 만들어주겠다는 마음으로 시작한 홈 베이킹. 박력분과 버터로 만드는 과자부터 시작해서 다양한 빵을 만드는 동안 참 많은 일이 있었는데요, 그중 가장 신기했던 순간은 식빵을 만들 때였답니다.

홈베이킹을 시작하고서 가장 먼저 만든 것은 아무래도 비교적 손쉬운 쿠키였습니다. 쿠키를 만들 때만 해도 의도한 대로 모양이 나오고 맛도 괜찮아서 자신만만했는데, 발효빵의 가장 기본인 식빵을 만들 때는 몇 번이나 실패를 했는지 모릅니다.

발효의 조건인 온도와 습도 같은 것에 대한 지식이 별로 없었을 뿐더러, 책이나 인터넷에서 접하는 레시피에는 사소하지만 중요한 것들이 빠져 있는 경우가 많았지요. 다른 사람들은 뚝딱 만들어내는 식빵인데 제가 만들면 덜 부풀거나 딱딱해지거나 타버리기 일쑤였습니다. 몇 번 실패하고 나니 식빵 만들기에 다시 도전할 엄두도 나지 않더군요. 그래서 쿠키나 머핀 위주로만 만들고 진정한 빵 맛(?)에는 눈을 뜨지 못하고 있었답니다.

한참 시간이 지난 뒤 반죽을 발효시키기 위해서는 온도와 습도 같은 조건들이 중요하다는 것을 알았지요. 그리고 다시 식빵 만들기에 도전했습니다. 정성껏 반죽을 치대고, 1차 발효, 2차 발효에 이어 굽기까지 완벽하게 마쳤습니다. 오븐 타이머가 땡 하고 울리고 난 뒤 식빵을 꺼낸 그 순간!

향긋한 빵 냄새가 주방 가득 퍼졌습니다. 식빵 틀 위로 봉긋하게 솟아오른 따뜻하고 부드러운 식빵을 뜯어 한 입 베어 먹었을 때의 그 감격은 지금도 잊을 수가 없어요. 드디어 내 손으로 식빵을 만들게 되었구나! 뿌듯했습니다. 제과점에서 2,000원만 주면 살 수 있는 빵이지만 내 손으로 만들었다는 감격이 더해져서인지 세상 그 어떤 훌륭한 파티셰가 만든 빵이 눈앞에 있어도 이보다 더 맛있을 것 같지 않았습니다.

식빵 만들기에 한 번 성공하고 난 뒤 홈베이킹에 대한 자신감을 다시 찾은 것은 물론입니다. 게다가 식빵을 만드는 발효 반죽을 기본으로 하는 다른 빵들도 비교적 쉽게 만들 수 있었지요.

가장 기본이지만 제게는 가장 어려웠던 식빵! 식빵을 만들 때마다 처음 성공했던 그때 그 맛이 늘 떠오릅니다.

# 식빵 만들기

## 재료

강력분 330g, 우유 180ml, 버터 25g, 설탕 35g, 달걀 1개, 인스턴트 드라이이스트 8g, 소금 5g
(모든 재료는 미리 실온에 꺼내 준비해주세요.)

## 만드는 방법

1 체 친 강력분을 볼에 넣고 세 군데에 홈을 판다. → 설탕, 드라이이스트, 소금을 서로 닿지 않도록 넣은 뒤 주변의 밀가루로 덮어준다. → 우유와 달걀을 넣고 주걱으로 섞다가 버터를 넣고 손으로 반죽한다.

2 반죽을 빨래하듯이 늘렸다가 다시 접어 눌러주며 15분간 반죽한다.
(이 과정을 거쳐야 글루텐이 잘 생성되어 빵이 쫄깃해집니다. 반죽을 늘여서 얇게 폈을 때 찢어지지 않고 손이 비친다면 반죽이 잘된 것입니다.)

3 1차 발효 : 젖은 면보나 랩으로 덮어 따뜻한 곳에서 50분간 발효시킨다.

4 중간 발효 : 1차 발효가 끝난 반죽을 손으로 눌러 가스를 뺀 후 3등분한다. → 랩을 씌워 실온에서 15분간 발효시킨다.

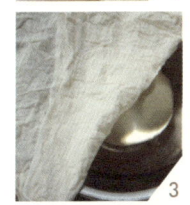

5 2차 발효 : 반죽을 밀대로 길쭉하게 밀어준다. → 식빵 틀의 크기에 맞게 양 끝을 접어 돌돌 말아서 식빵 틀 안에 가지런히 넣는다. → 비닐이나 랩을 씌워 실온에서 40분간 발효시킨다. → 반죽이 2배 정도 부풀어 오르면 굽는다.

## Tip

사실 식빵을 처음부터 잘 만들기는 쉽지 않습니다. 그런데도 제일 앞에 배치한 이유는 식빵 반죽이 다른 빵들의 기본 반죽이 되기 때문입니다. 재료의 분량은 조금씩 달라지지만 반죽하는 방법은 같습니다.

## 33

대한민국 남자들의 소울푸드

# 건빵

남자들이 모이면 빠지지 않는 이야기 가운데 하나가 군대 이야기인데요, 군대에서 축구를 한 이야기만큼 군대에서 무엇을 먹었는지에 대한 이야깃거리도 풍성하지요. 먹을 것이라고는 '짬밥'밖에 없는 생활이니 달콤한 음식에 대한 군인들의 애착은 남다른 데가 있답니다.

초코파이를 많이 준다면 평소에는 관심 없던 종교에도 눈을 돌리게 되는 곳이 훈련소입니다. 몰래 입수한 초코파이 한 상자를 화장실에서 단숨에 해치웠다는 이야기는 흔할 정도지요. 이런 상황에서 짬밥을 제외하고 맨 처음 지급받는 음식, 아니 보급품인 건빵은 정말 눈물 나도록 반가운 존재입니다.

젖과 꿀이 흐르던 사회에서는 처다보지도 않았던 그 건빵이 그때는 세상에 있는 모든 단것을 다 함축해놓은 것처럼 달게 느껴졌습니다. 아무리 먹고 싶어도 한 사람에게 한 봉지만 지급되는 그 건빵을 먹을 때면 그 사람이 가진 성격의 밑천도 다 드러났답니다.

제가 훈련소에 있을 때, 한국군의 전우애를 직접 확인할 기회가 있었습니다. 내무반 천장에 나무 판재 하나가 분리된 것을 발견했는데, 이상한 느낌에 나무판을 살짝 들어서 천장 안쪽을 보니 그곳에 건빵과 담배가 수북하게 쌓여 있는 것이 아니겠어요? 설탕과 니코틴 금단현상으로 고통 받던 훈련병들에게는 그 야말로 신세계이자 빛인 존재가 내무반 천장 안에 떡하니 있었던 것입니다.

　　이름도, 얼굴도 모르는 우리의 존경하는 고참들이 후임병들을 위해 자기들에게 지급된 보급품을 아끼고 아껴 하나둘 모아 그렇게 비밀장소에 남겨두셨던 것이지요. 그 상황에서는 건빵의 유통기한 따위는 전혀 중요하지 않았습니다.

　　건빵과 담배로 이어지는 한국군, 정확히는 대한민국 공군의 아름다운 전우애, 정말 눈물겹지 않습니까? 선배들의 전통을 이어받아 우리도 다음에 훈련소에 입소할 불쌍한 후배들을 위해 남겨둘 건빵과 담배를 추렴하면서 스스로 뿌듯해하고 대견해하던 생각이 납니다.

　　건빵 하나에도 추억이 방울방울 매달려 있는 군대 생활 이야기, 누군가에게는 귀가 따갑도록 지겨운 이야기겠지만 대한민국 남자들에게는 평생 잊을 수 없는 삶의 기록이랍니다.

# 건빵 만들기

## 재료

강력분 330g, 우유 180ml, 버터 25g, 설탕 35g, 달걀 1개, 인스턴트 드라
이이스트 8g, 소금 5g
(모든 재료는 미리 실온에 꺼내 준비해주세요.)

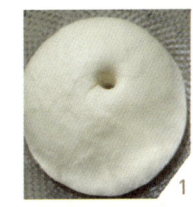

## 만드는 방법

1 147쪽의 식빵 반죽 만드는 법을 참고하여 1차 발효까지 마친 반죽을
준비한다.

2 약 3mm 두께로 밀어준 후 3cm×4cm 크기의 직사각형으로 자른다.

3 유산지를 깐 팬 위에 올리고 포크로 구멍을 낸 후 굽는다.

## Tip

빵을 자주 굽는다면 식빵 반죽을 만들 때 넉넉히 준비해두세요. 1차 발
효까지 완료한 반죽을 따로 떼어 냉장 보관해두면 다른 빵을 만들 때
시간을 단축할 수 있습니다.

## 34
빼빼로데이에 선물해볼까
# 그리시니

아내와 저는 캠퍼스 커플이었습니다. 대학교 1학년 때 처음 만나 몇 번의 우여곡절 끝에 결혼을 하고 지금은 사랑스러운 두 딸을 둔 아내와 남편으로 잘 살고 있답니다. 외모와 달리 무뚝뚝한 아내는 연애할 때부터 지금까지 기념일 같은 것을 챙기는 데 영 취미가 없습니다. 자상함과 애교와는 거리가 먼 아내이지만 가끔 통 큰 대인배의 풍모로 사람을 감동시키는 재주가 있지요.

대학교에 다닐 때 집안 형편이 그다지 넉넉하지 못했던 아내는 학비와 기숙사비를 제외한 용돈은 과외를 해서 벌었습니다. 그때 한 달에 버는 과외비가 30만 원 정도였는데, 책값과 밥값을 생각하면 한 달 생활비로 넉넉하지는 않았지요.

하루는 아내의 손에 이끌려 동대문에 갔습니다. 아내는 한 의류 매장으로 들어가 다짜고짜 제게 코트 몇 벌을 입혀보더니 지갑에서 10만 원이 넘는 돈을 꺼내 계산을 해버렸습니다. 서로의 주머니 사정을 뻔히 아는데, 남자친구의 따뜻한 겨울을 위해 생활비의 3분의 1이 넘는 큰돈을 쓰다니. 그 고마움과 감동이란!

그동안 잘 챙겨주지 않는다며 섭섭해했던 마음이 한꺼번에 날아갔습니다. 하지만 그 이후로는 그런 일이 다시 일어나지 않았다는 것이 반전입니다. 그

때가 처음이자 마지막 이벤트였던 것이지요. 해마다 생일이나 결혼기념일이 되면 혹시나 하고 기대를 해보지만 그런 일이 다시 일어나기는 아무래도 어려울 것 같네요.

그래도 아내한테 늘 고마운 것은 평소에는 짠순이처럼 굴다가도 시댁에 경제적인 도움을 줘야 하는 등의 순간에는 망설이지 않고 대범하게 결정한다는 것입니다. 아버지의 수술비를 댈 때, 농장에서 쓰던 트럭이 고장 나 새 차를 사야 할 때 선뜻 도와드리자고 하지 못해 전전긍긍하고 있으면 아내는 제 마음을 귀신같이 알아채고는 먼저 나서주었습니다.

그렇게 고마운 아내이니, 자잘한 기념일을 제가 챙기는 것쯤은 얼마든지 할 수 있지요. 그런 날들 중 하루인 빼빼로데이에 저희 집에서는 아이들과 함께 그리시니를 만듭니다. 포장은 화려하지 않지만 다른 과자들보다 훨씬 더 맛있고 의미 있지요. 이런 제 마음을 아내는 알고 있을까요?

# 그리시니 만들기

## 재료

강력분 330g, 우유 180ml, 버터 25g, 설탕 35g, 달걀 1개, 인스턴트 드라이이스트 8g, 소금 5g, 통깨 2큰술

(모든 재료는 미리 실온에 꺼내 준비해주세요.)

## 만드는 방법

1 147쪽의 식빵 반죽 만드는 법을 참고하여 1차 발효까지 마친 반죽을 준비한다. → 반죽을 손으로 눌러 가스를 뺀 뒤 통깨를 넣고 잘 섞이도록 반죽을 치댄다.

2 반죽을 동그랗게 만든 후 랩을 씌워 실온에서 15분간 중간 발효시킨다.

3 스크래퍼로 반죽을 약 15g씩 자른다.

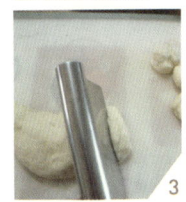

4 약 20cm 길이로 늘려가며 모양을 잡아준 후 구워 식힌다.

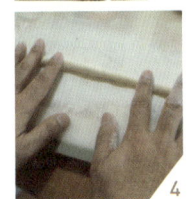

### 35
익숙한 이국의 맛
# 피자

저는 길눈이 밝아서 길을 잘 잃어버리지 않는 편입니다. 여행을 하거나 운전을 할 때에도 내비게이션 없이 잘 찾아다니지요. 지도만 보고서도 지금 내가 어디에 있는지, 가야 할 목적지와 경로는 어떤지 금세 파악해 쉽게 길을 찾아냅니다.

무엇보다 2차원으로 압축된 지도를 길잡이 삼아 길을 찾아나가는 일이 즐겁습니다. 요즘 온라인상에서 무료로 서비스되는 지도들을 보면 위성사진, 항공사진도 모자라 거리의 모습을 마치 그 현장에 있는 것처럼 보여주기까지 하니 길을 찾는 일이 여간 쉬워진 것이 아니죠.

하지만 그만큼 낯선 공간에 던져지는 설렘은 줄어들었습니다. 사실 저는 길을 직접 찾아가는 맛에 한동안은 자동차에 내비게이션도 달지 않고 다녔습니다. 그런 것 없이도 잘 다녔고 설령 어쩌다 길을 잃는다 한들 그다지 걱정하지도 않았지요. 어차피 모든 길은 대부분 어디에선가는 연결되어 있고 방향만 정확히 알고 있다면 조금 돌아가기는 할지언정 목적지를 놓치는 일은 좀처럼 없기 때문입니다.

길을 잃었을 때 중요한 것은 당황하지 않는 것과 낯선 경험을 즐길 자세를 갖추는 것입니다. 당황하지만 않는다면 예정에 전혀 없던 새로운 길에서도 얻는 게 생기거든요. 길을 잃었다고 당황하고 조바심 내면 애초에 정한 목적지에 도달하기까지 주변의 아무것도 보이지 않지만, 이왕 이렇게 된 거 뭐 신기하고 새로운 것이 없을까 하고 호기심을 가지면 낯선 길에서 마주치는 사소한 풍경도 다 소중해집니다.

언젠가 낯선 곳에서 길을 잃은 적이 있습니다. 호기심이 발동해서 이 골목 저 골목 겁도 없이 구석구석 돌아다녔지요. 그 도시의 이름은 나폴리였습니다. 외국인 여행자가 나타나면 마냥 신기해하는 동네 뒷골목, 간판도 없는 식당에서 제가 맛본 것은 이전에 먹던 동그란 모양이 아닌 네모난 나폴리 피자였습니다. 여태 제가 먹어본 피자 가운데 그 피자가 가장 맛있었습니다.

그 피자가 그토록 맛있었던 것은 낯선 곳에서의 호기심 때문이었을까요? 아니면 길을 정신없이 헤매느라 배가 고파서였을까요? 그것도 아니라면 그 피자가 원래 그렇게 기막히게 맛있는 것이었을까요?

# 피자 만들기

## 재료

**도우** : 강력분 150g, 물 100ml, 버터 15g, 설탕 20g, 인스턴트 드라이이스트 5g, 소금 5g

**토핑** : 토마토페이스트 $2^1/_2$큰술, 피자치즈 적당량, 베이컨 3줄, 양송이버섯 5개, 파프리카 $^1/_2$개, 양파 $^1/_2$개, 블랙올리브 7~8개

## 만드는 방법

1 베이컨, 양송이버섯, 파프리카, 양파, 블랙올리브 등 취향에 맞게 준비한 토핑 재료를 먹기 좋은 크기로 자른다. → 블랙올리브를 제외한 나머지 재료를 팬에 볶아 살짝 익혀둔다.

2 147쪽의 식빵 반죽 만드는 법을 참고하여 중간 발효까지 마친 반죽을 준비한다. → 지름 25cm 크기로 고르게 밀어준다.

3 팬에 반죽을 올리고 토마토페이스트를 펴 바른다.
(케첩을 사용해도 됩니다. 다만 케첩 양을 줄여야 나중에 물이 생기지 않아요.)

4 익혀둔 토핑과 블랙올리브를 올리고 취향에 맞게 피자치즈를 뿌려준 뒤 굽는다.

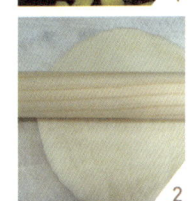

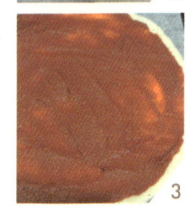

## Tip

도우 만드는 것이 부담스럽다면 마트에서 파는 토르티야를 이용해도 좋습니다.

<br>

### 36

이탈리아의 맛에 빠지다

# 포카치아

이탈리아 요리를 좋아하게 된 것은 순전히 친구가 건네 준 DVD 한 장 때문이었습니다. 늦은 나이에 요리에 눈을 떠서 이탈리아까지 다녀온 뒤 유명해진 어느 요리사가 출간한 책에 몇 가지 이탈리아 요리의 조리법을 담은 동영상 DVD가 부록으로 붙어 있었는데, 그것을 친구가 선물해준 것이었지요.

DVD 케이스의 속지에는 파스타, 리소토, 뇨키 등 몇 가지 대표적인 이탈리아 요리의 레시피가 적혀 있었고 DVD에 나오는 수수한 차림의 요리사는 너무도 쉽고 멋있게 이탈리아 요리를 척척 만들어내고 있었습니다.

그때부터 그 요리사의 레시피를 따라 하나씩 이탈리아 요리를 만들게 되었고(초기에는 요리라고 하기에도 민망한 수준이었지만) 자연스럽게 제가 좋아하는 요리는 이탈리아 요리가 되었습니다.

집 주방 찬장에는 파스타 소스가 종류별로 떨어지지 않고 파스타 면도 보통 대여섯 가지는 늘 갖추어져 있지요. 여러 가지 향신료뿐만 아니라 두어 가지 종류의 올리브유를 쓰고 있으며 그릇도 국 대접보다 파스타 접시가 훨씬 더 많습니다. 베란다에서는 바질과 루콜라가 자라고 이탈리아 요리에 필수인 마늘은 아내의 할머님께 부탁해서 품질 좋은 남해산을 공수해다 쓰고 있답니다.

회사 근처에 있는 스무 개 가까운 파스타 가게는 다 섭렵했고 심지어 어떤 주에는 월요일부터 금요일까지 닷새 내내 파스타로 점심을 먹은 적도 있었습니다. 그 와중에 회사 근처에 자주 가는 단골 이탈리안 식당도 하나 생겼는데요, 그 집에서 식전 빵으로 늘 내어주는 빵이 바로 포카치아입니다.

이탈리아 요리를 좋아하게 되면서 꿈이 하나 생겼습니다. 이탈리아로 '먹는 여행'을 떠나는 것입니다. 얼마 전 회사에서 지원하는 해외 배낭여행 공모가 있었는데, "이탈리아 북부 소도시 음식문화 기행"이라는 주제로 응모를 했습니다.

라바짜 본사가 있는 토리노에서 시작해서 트러플로 유명한 알바, 슬로 푸드 운동의 발상지 브라, 모스카토 다스티의 고향 아스티와 랑게 언덕, 최상급 올리브와 바질 페스토 제노베제의 고향 제노바, 유네스코 세계문화유산으로 지정된 친퀘테레, 이탈리아식 스테이크 비스테카 알라 피오렌티나의 피렌체, 볼로네제 소스가 태어난 볼로냐, 파르미지아노 치즈와 프로슈토를 맘껏 맛볼 수 있는 파르마, 오징어 먹물 리소토로 유명한 베니스를 거쳐 밀라노식 커틀릿이라고 부르는 코톨레타 알라 밀라네제를 먹을 수 있는 밀라노에서 마무리하고 젤라토로 입가심하는 환상적인 여행 계획이었지요. 여행 공모전에서는 떨어졌지만 언젠가 이 로망을 실현할 날이 오리라 믿습니다.

난이도 : 중
소요 시간 : 2시간 20분
분량 : 지름 10cm 크기 5개
오븐 : 220°, 10~12분

## 포카치아 만들기

### 🍯 재료

블랙올리브 15개, 강력분 250g, 물 150ml, 올리브유 2큰술, 설탕 10g, 인스턴트 드라이이스트 5g, 소금 5g, 표면에 바를 올리브유 약간

### 🥄 만드는 방법

1 147쪽의 식빵 반죽 만드는 법을 참고하여 1차 발효까지 마친 반죽을 준비한다. → 반죽을 5등분하고 지름 10cm 크기로 밀어준 뒤 실온에서 15분간 중간 발효시킨다.

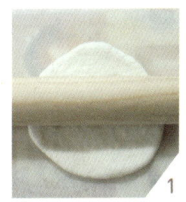

2 유산지를 깐 팬 위에 반죽을 올리고 블랙올리브를 올릴 자리를 미리 눌러둔다. → 30~40분간 2차 발효시킨다.

3 붓으로 반죽의 표면에 올리브유를 고루 바르고 블랙올리브를 얇게 썰어 올린 뒤 굽는다. → 구워낸 뒤 표면에 올리브유를 한 번 더 발라준다.

━━ **37** ━━
빵이야 피자야 별미를 즐겨볼까
# 칼조네

집에서 직접 빵을 만든다고 해서 늘 만족할 만한 결과를 얻는 것은 아닙니다. 전문가가 아닌 이상 재료와 주변 환경에 따라서 예민하게 반응하는 빵을 집에서 쓰는 도구들로 만들어내기란 쉽지 않지요.

빵을 만들겠다고 반죽을 하다보면 어떤 날은 글루텐도 잘 생기지 않고 날씨가 추운 날은 발효도 제대로 되지 않습니다. 폭신하고 부드러운 빵을 기대했는데 반죽과 발효가 제대로 되지 않으면 참 실망스럽지요.

그렇다고 낙담할 필요는 없습니다. 애써 만든 반죽이 빵 만들기에는 적합하지 않게 되었더라도 반죽을 살리는 방법이 있습니다. 빵을 만들기에 부족한 반죽을 피자 도우로 활용하는 것이지요. 물론 피자 반죽도 정성을 들여서 만들어야 하지만 빵 반죽처럼 부풀어 오르지 않아도 괜찮거든요.

그 대신 조금 독특한 피자를 만들어보기로 했습니다. 칼조네는 반달 모양의 만두처럼 생긴 피자입니다. 언뜻 보면 화덕에 구운 큰 만두 같기도 하지요. 칼조네를 파는 이탈리안 레스토랑이 많지 않은 것을 보면 대중적인 메뉴는 아닌 듯합니다. 그러니 먹고 싶을 때에는 차라리 손수 만드는 것이 더 편하지요. 늘 먹는 피자보다는 색다른 피자를 아이들에게 맛보여주고 싶은 마음도 들었습니다.

정성스럽게 만든 칼조네를 아이들 앞에 내놓았습니다.

"신기하지? 이게 바로 칼조네라는 피자야."

짠하고 아이들 앞에 피자를 대령하면서 아이들이 놀라기를 기대했는데 작은딸 민서가 알은체를 합니다. 어린이집에서 다문화수업을 하다가 이탈리아에 대해 배우는 시간에 이것과 똑같은 '만두'를 맛있게 먹었다는 것이지요.

겉은 바삭하면서 속은 촉촉하고 쫄깃한 칼조네가 아이들 입맛에도 맞았나봅니다. 아빠의 서프라이즈는 실패했지만 아이들이 맛있다고 해주니 아주 실패한 것은 아닌 셈이겠지요?

난이도 : 중
소요 시간 : 1시간 40분
분량 : 길이 25cm 크기 1개
오븐 : 180°, 15분

# 칼조네 만들기

## 🐮 재료

**반죽** : 강력분 55g, 우유 30ml, 버터 4g, 설탕 6g, 달걀 10g, 인스턴트 드라이이스트 1.5g, 소금 1g
(147쪽 식빵 반죽 레시피를 1/6로 줄여서 사용하면 됩니다. 모든 재료는 미리 실온에 꺼내 준비해주세요.)

**소** : 피자치즈 200g, 생크림 1/2컵, 양송이 6개, 양파 1/2개, 마늘 3쪽, 올리브유 약간, 소금 · 후추 약간

## 🥄 만드는 방법

1 팬에 올리브유를 두르고 마늘과 양파, 양송이를 차례로 넣어 볶는다.
   → 생크림을 붓고 소금과 후추로 간을 한 뒤 자작하게 졸인다.

2 147쪽의 식빵 반죽 만드는 법을 참고하여 1차 발효까지 마친 반죽을 준비한다. → 반죽을 지름 25cm 정도 크기로 얇게 밀어준다.

3 반죽의 반쪽에만 피자치즈 절반 → 채소 → 나머지 피자치즈 순서로 올린다.

4 나머지 반죽으로 덮어준 뒤 가장자리를 붙이고 포크로 눌러 모양을 내고 굽는다.

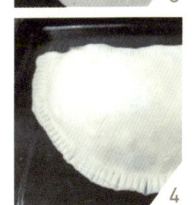

 **Tip** ·······································

빵빵하게 부푸는 것이 매력인 칼조네를 만들 때에는 굽는 도중에 터지지 않도록 가장자리를 꼼꼼하게 붙이는 것이 중요합니다.

━■━ 38 ━■━

나만의 다이어트 영양빵

# 호밀빵

나이를 먹어갈수록 배가 나오기 시작합니다. 나잇살이니 인격이니 하는 말로 위로를 해보지만 옷을 갈아입을 때마다 적나라하게 드러나는 몸매 앞에서 태연할 사람은 많지 않을 겁니다. 왜 배는 다른 부위보다 살이 빨리 찌는 걸까요? 게다가 내장지방이라니.

그거 아세요? 뱃살은 체중이 늘 때 맨 먼저 나오지만 빠질 때는 가장 나중에 빠진다는 것. 아무리 열심히 다이어트를 해도 뱃살만은 요지부동입니다. 체중이 줄어든 것을 숫자로 확인해도 제 눈에는 뱃살이 그대로이니, 다이어트라는 것이 참 어렵네요.

그래도 굴하지 않고 조금씩 운동을 하고 식사량도 조절해가면서 체중을 줄여나가고 있습니다. 목표 체중에 도달하려면 아직 어림도 없지만 배가 볼록 튀어나온 흉한 모습만은 면해가고 있으니 그나마 위로가 되지요.

직장생활을 하다 보면 다이어트를 하기는 정말 쉽지 않습니다. 점심은 식당에서 먹고 저녁에는 회식이 잦지요. 바깥 음식들은 대체로 맛이 강하고 열량도 높은 편입니다. 게다가 운동할 시간을 내기도 쉽지 않지요.

그러다 보니 식사의 질과 양을 조절하기 위해 홈메이드 도시락에 부쩍 관심을 갖게 되었습니다. 매우 번거롭긴 하지만 비용도 절감할 수 있고 식사량과 영양도 조절할 수 있으니까요. 천사 같은 아내가 도시락까지 싸주면 좋겠지만, 아이들 뒤치다꺼리로 충분히 바쁘고 정신없는 아내에게 도시락까지 싸달라고 할 수 있는 간 큰 직장인 아빠는 그리 많지 않습니다.

내 몸을 위해 일주일에 한두 번 정도는 직접 도시락을 쌉니다. 어렵지 않습니다. 홈메이드 도시락이라고 해서 거창하거나 특별해야 할 이유가 없으니까요. 도시락 통만 준비한 다음 밥을 담고 평소에 먹던 밑반찬 몇 가지만 챙겨 넣으면 됩니다. 달걀이라도 하나 부치면 한 끼 식사로 훌륭하지요. 다만 같이 도시락을 먹을 동료가 없을 경우 외로움을 감수해야 한다는 단점이 있지만 말입니다.

이것도 귀찮다면 더 간단하게 준비하는 방법을 알려드릴게요. 신선한 채소를 듬성듬성 썰고 드레싱을 올려 푸짐하게 샐러드를 만들어 담아보세요. 밥 대신 빵을 넣고요. 이때 잘 어울리는 빵이 호밀빵입니다. 거칠지만 씹을수록 고소한 맛과 단맛이 강해지고 몸에도 좋은 호밀빵은 제 도시락 단골 메뉴이기도 합니다.

## 호밀빵 만들기

### 🥣 재료

호밀가루 60g, 강력분 180g, 물 150ml, 버터 20g, 설탕 15g, 인스턴트 드
라이이스트 5g, 소금 5g, 표면에 뿌려줄 밀가루 약간

### 🥄 만드는 방법

1 147쪽의 식빵 반죽 만드는 법을 참고하여 1차 발효까지 마친 반죽을
  준비한다. → 반죽을 3등분하여 랩을 씌운 뒤 실온에서 약 15분간 중간
  발효시킨다.

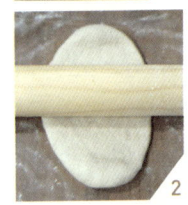

2 반죽을 밀어 길쭉하게 편다.

3 길게 말아서 럭비공 모양으로 만든 뒤 이음새를 잘 마무리한다. → 팬
  에 올린 후 젖은 면보나 랩을 씌워 40~50분간 2차 발효시킨다.

4 반죽이 2배로 부풀어 오르면 체 친 밀가루를 뿌리고 칼집을 낸 뒤 굽는다.

**━━ 39 ━━**
쫄깃하고 짭짤해 점점 빠져드는 맛
# 프레첼

요즘은 보편적인 일이지만 제가 대학교에 다닐 때만 해도 해외 경험을 한다는 것은 흔치 않은 일이었습니다. 군대를 제대하고 복학을 해서 3학년을 마치고 나니, 왠지 이대로 대학 생활을 마치기가 싫다는 생각이 들었습니다.

여기저기 알아보니 어학연수는 돈이 많이 들고 워킹홀리데이와 키부츠는 농사를 지어야 한다니 포기했지요. 시골에서 어릴 때부터 지겹도록 농사를 지었는데 외국에 나가서까지 농사를 짓는다니요. 그러다 미국행 비행기에 오르게 되었습니다.

도착한 곳은 조지아 주의 애틀랜타였습니다. 그 당시 우리에게는 1996년도 올림픽 개최지로 알려졌지만 마틴 루터 킹, CNN 본사, 코카콜라 본사, 조지아공과대학교, 마스터스 골프 대회가 열리는 오거스타, 명문 야구 구단 애틀랜타 브레이브스 등으로 더 유명한 곳입니다.

저는 애틀랜타 근교에 있는 스톤 마운틴 공원(Stone Mountain Park)이라는 큰 휴양지에서 일하면서 시급으로 6.5달러를 받았습니다. 제3세계 노동자가 해외에서 할 수 있는 일은 그다지 많지 않았습니다. 햄버거, 치킨, 콜라, 팝콘, 감자

칩, 아이스크림을 파는, 아르바이트 수준의 일이었지요. 그때 가장 많이 배정 받았던 업무는 생감자를 깎아 기름에 튀겨내는 '블루리본프라이'를 만들거나 잔디밭에 있는 스낵 코너에서 나초 치즈나 팝콘, 프레첼과 음료수 등을 파는 일이었습니다.

그때 난생 처음으로 이름을 들어보고 먹어본 음식이 바로 프레첼입니다. 직접 만드는 것은 아니었고 딱딱한 냉동 프레첼을 해동시켜 소금을 뿌려준 뒤 온장고에 넣는 것이 작업의 전부였지요.

온장고 안에서 데워진 프레첼의 밋밋한 맛은 소금을 만나 기가 막히게 고소한 맛으로 변신했습니다. 그저 냉동식품을 해동시킨 것인데, 특별할 것도 없는 그 프레첼이 그때는 그렇게 맛있었습니다. 어쩌다 가끔 빵집에서 프레첼을 보면 무더운 애틀랜타의 여름과 좁은 부스 안에서 프레첼에 소금을 묻히던 저의 뜨거웠던 청춘이 떠오릅니다.

# 프레젤 만들기

## 🥨 재료

강력분 330g, 우유 180ml, 버터 25g, 설탕 35g, 달걀 1개, 인스턴트 드라
이이스트 8g, 소금 5g, 표면에 뿌려줄 굵은소금 약간
(모든 재료는 미리 실온에 꺼내 준비해주세요.)

## 🍲 만드는 방법

1 147쪽의 식빵 반죽 만드는 법을 참고하여 중간 발효까지 마친 반죽을 준
   비한다. → 반죽을 50g씩 나눈 후 약 50~60cm 길이로 길게 늘여준다.

2 반죽을 U자 모양으로 접은 후 사진처럼 중간 부분을 한두 번 꼬아준다.

3 꼬아준 부분을 접어 올려 모양을 만든다. → 팬에 올려 30분 정도 2차
   발효시킨다.

4 반죽 위에 물을 붓으로 바르고 굵은소금을 듬성듬성 뿌려준 후 굽는다.

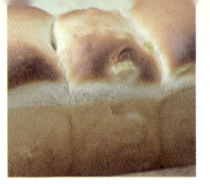

**◄█ 40 █►**

달콤한 밤이 선물 같은

# 밤식빵

해마다 추석이면 고향 선산에 성묘를 갑니다. 할아버지 산소는 깊은 산속에 있어서 한번 성묘를 가려면 여간 힘이 드는 것이 아닙니다. 할아버지는 제가 태어나기 한참 전에 돌아가셔서 실제로는 얼굴도 뵙지 못했지만 1년에 한 번 할아버지께 인사를 드리러 가는 길이 즐거운 이유는 바로 밤나무 때문입니다.

산소로 올라가는 길 한쪽에는 나이를 수십 살은 먹었을 것 같은 커다란 밤나무가 한 그루 있습니다. 추석 때가 되면 작고 단단한 알밤이 나무 아래 한 가득 떨어져 있곤 하지요.

할아버지께서 살아 계실 때 선산에 밤나무를 꽤 많이 심었는데 대부분 토질이 척박한 산에 뿌리를 내리지 못하고 겨우 몇 그루만이 살아남았다고 합니다. 산소 가는 길에 서 있는, 키가 크고 가지가 무성한 그 밤나무도 바로 할아버지께서 심은 나무지요. 비록 당신은 밤나무에 달린 밤을 드시지 못하셨지만 밤나무는 그 자리에서 알찬 열매를 맺었고 오늘은 손자가 또 내일은 증손주가 또 다음에는 고손주가 그 밤을 맛볼 것입니다. 얼굴도 모르는 할아버지께 고마워하면서 말이지요.

해마다 할아버지의 밤을 주워다 먹던 손자는 아이를 낳았고 할아버지처럼 그 아이들을 위해서 나무를 심었습니다. 우리 딸 둘, 여동생네 아들 하나, 딸 하나를 위해 부모님이 운영하는 과수원에다 아이들이 태어난 해나 그 이듬해 봄에 나무를 심었지요.

우리 현서는 모과나무, 민서는 앵두나무, 조카 지광이는 오디나무, 조카 지민이는 매실나무. 그렇게 우리 아이들은 각자 하나씩 자기 나이와 같은 나무를 한 그루씩 갖게 되었습니다. 나무는 아이들과 함께 쑥쑥 자랍니다. 할아버지 댁에 갈 때마다 아이들은 자기 나무와 키를 견주기도 하고 기나긴 겨울을 보낸 뒤 가지 끝에 여린 새잎이 나오기 시작하면 박수를 치며 좋아하기도 합니다.

꽃이 피고 작은 열매가 점점 커져 가지 끝에 대롱대롱 매달리면 각자 나무에 달린 열매를 따서 서로 나누어 먹습니다. 아이들은 그렇게 자연을 배우고 생명의 소중함을 배웁니다. 각자의 나무에서 딴 열매에 대한 아이들의 애착은 남다를 수밖에 없습니다. 그 아이들이 자라서 어른이 되어 아빠 엄마가 되면 또 그 아이들의 아이들은 아빠 엄마 나무에 달린 열매를 따 먹으며 할아버지를 기억해 주겠지요.

이제 막냇동생이 결혼해서 아이를 낳으면 그 이이를 위해 또 무슨 나무를 심을까요? 생각만으로도 벌써부터 흐뭇해집니다.

# 밤식빵 만들기

## 🐮 재료

**반죽** : 강력분 330g, 우유 180ml, 버터 25g, 설탕 35g, 달걀 1개, 인스턴트 드라이이스트 8g, 소금 5g
(모든 재료는 미리 실온에 꺼내 준비해주세요.)

**밤 조림** : 삶은 밤 150g, 설탕 ½컵, 물 ½컵

## 🥄 만드는 방법

1 147쪽의 식빵 반죽 만드는 법을 참고하여 1차 발효까지 마친 반죽을 준비한다. → 반죽을 3등분한 뒤 랩을 씌워 실온에서 약 15분간 중간 발효시킨다.

2 냄비에 삶은 밤과 설탕, 물을 넣고 자작하게 졸인 후 건져 적당한 크기로 썬다.
(시판하는 밤 통조림을 써도 됩니다.)

3 반죽을 세로로 길게 펴준 뒤 밤 조림을 골고루 얹는다. → 식빵 틀의 크기에 맞게 양 끝을 접은 후 돌돌 말아준다.

4 식빵 틀에 반죽을 가지런히 넣고 비닐이나 랩을 씌워 실온에서 40분 정도 2차 발효시킨다.

5 반죽이 식빵 틀 위로 올라올 정도로 부풀면 굽는다.

## 41

옹기종기 동글동글 빵 가족
# 건포도배치번스

부엌 살림을 정리하다 문득 놀라움이.

엄마가 보내준 참기름, 깨, 젓갈, 고춧가루, 감, 팥.

아버지가 보내주신 물메기.

시부모님이 주신 쌀, 김치, 무, 양파, 감자, 배즙, 간장, 꿀, 고추장, 도라지청.

외삼촌이 주신 사과.

이모가 준 고구마.

할머니가 주신 마늘.

시고모님이 주신 그릇.

난 우연히 부모가 없는 사람일 수도 있었고, 부모가 없는 사람과 결혼했을 수도 있다. 세상에나, 내가 노력하지도 않고 공짜로 얻은 건, 온전히 가족뿐이다.

어느 날 아내가 SNS에 남긴 글입니다. 아내와 저 그리고 두 딸이 너무도 당연한 것처럼 먹고 있는 여러 가지 식재료들이 달리 보였습니다. 문득 가족의 의미에 대해서도 생각해보게 되더군요.

아내의 입장에서는 시할머니, 시부모, 시동생, 시누이 외에도 개성 강한

시고모들과 시이모들까지, 챙겨야 할 가족들이 너무도 많은데, 고맙게도 그들을 모두 자신의 가족으로 기꺼이 인정하고 받아줍니다.

가족들이 많아서 행복할 때도 있지만 때로는 가족이라는 울타리에서 잠시 벗어나고 싶기도 하지요. 하지만 숨을 고르고 가만히 주변을 돌아보면 곡절하나 없는 집은 없습니다. 그저 힘든 일을 애써 잊고 사는 것일 뿐이지요.

미주알고주알 잔소리를 하고 의견이 맞지 않아 얼굴을 붉히더라도, 내가 어떻게 되든 상관 않는 남들보다는 애정과 관심을 본능처럼 갖고 있는 가족이 훨씬 나은 법입니다. 나를 떠받쳐주는 최후의 보루는 가족밖에 없는 것이지요. 다만 평소에는 그것을 잊고 있을 뿐입니다.

배치번스는 이름 그대로 올망졸망한 반죽들을 한데 모아 구워낸 빵을 말합니다. 각각의 반죽들이 발효되고 구워지는 동안 한 덩어리가 되지요. 건포도배치번스를 구워놓고 위에서 물끄러미 내려다보고 있으려니 그 모양이 올망졸망 모여 살을 맞대고 살아가는 우리 가족 같다는 생각이 들었습니다. 처음에는 각각 분리된 반죽이었지만 점점 부풀어 오르면서 그 좁은 빵틀 안에서 자리를 잡느라 조금씩 양보하고 자신의 자리를 내어줍니다. 오븐 안에서 잘 구워진 빵은 탄탄하고 견고하게 서로를 붙들고 있지요. 하나씩 떼어서 먹도록 만들어져 있지만 떼어냈을 때보다 모여 있는 모양이 더 예쁜 배치번스는 그래서 가족과 많이 닮았습니다.

# 건포도배치번스 만들기

### 🐮 재료

건포도 40g, 강력분 270g, 호밀가루 30g, 물 180ml, 포도씨유 35g, 설탕 30g, 인스턴트 드라이이스트 6g, 소금 5g, 표면에 바를 우유 약간
(모든 재료는 미리 실온에 꺼내 준비해주세요.)

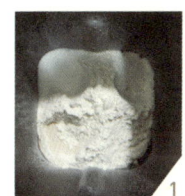

### 🥄 만드는 방법

1 제빵기에 미지근하게 데운 물을 붓고 그 위에 체 친 강력분과 호밀가루를 넣는다. → 모서리 부분에 홈을 파서 설탕, 인스턴트 드라이이스트, 소금을 서로 닿지 않도록 넣은 후 주변의 밀가루로 덮어준다.

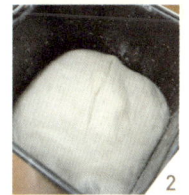

2 포도씨유를 넣고 제빵기를 반죽 모드로 설정한 뒤 15분간 반죽한다. → 건포도를 넣고 섞은 후 50분간 1차 발효시킨다.

3 반죽을 손으로 눌러 가스를 뺀 후 9등분한다. → 젖은 면보를 덮고 실온에서 15분간 중간 발효시킨다.

4 동그랗게 만든 반죽을 유산지를 깐 팬 위에 일정한 간격으로 올린다. → 젖은 면보를 덮고 40분간 2차 발효시킨다.

5 반죽이 2배로 부풀어 오르면 붓으로 표면에 우유를 바른 뒤 굽는다.

### 🧇 Tip ·····

제빵기가 없으면 147쪽의 식빵 반죽 만드는 법을 참고하여 반죽을 준비합니다.

## 42

만들 수 있다면 이미 전문가
# 브리오슈

직장인의 삶은 갈수록 팍팍해지고 있습니다. 비정규직뿐 아니라 정규직도 고용 안정에 대해 심각하게 고민합니다. 직장인들은 업무 성과는 물론이고 자기계발을 위해서도 상당한 시간을 투자해야 하지요. 눈앞의 업무를 하는 데 반드시 필요하지 않더라도 남들에게 뒤처지지 않기 위해 자격증을 따두어야 할 때도 있습니다. 인터넷 강의를 듣고 학원을 다니며 평일 저녁이나 주말에도 직장인은 직장인으로서의 삶만 살아가기를 강요받고 있습니다.

그런데 그 흐름이 이제는 학생들에게로 옮겨 간 것 같아 마음이 씁쓸하네요. 과거에는 취업을 하고 난 뒤에 따던 자격증을 이제는 대학생들이 취업도 하기 전에 따려고 애를 씁니다. 직장인은 자격증을 따는 데 필요한 비용을 회사에서 일정 부분 지원받을 수도 있지만 학생들은 부모님에게 손을 벌리거나 아르바이트라도 해야 하지요. 사회가 부담해야 할 비용을 점점 더 개인에게 지우는 것 같아 안타까울 따름입니다.

이전까지 자격증을 땄던 것은 회사 업무 때문이었지만 자발적으로 자격증에 대해 고민한 것은 베이킹을 하면서부터였습니다. 베이킹을 하면 할수록 제과제빵 자격증을 따보면 어떨까 하는 마음이 생기더라고요.

　학원을 알아보겠다며 회사 근처의 제과제빵 학원 언저리를 기웃거리기도 했고, 자격증 취득에 필요한 책도 몇 권 샀습니다. 하지만 회사 업무가 바빠 시간을 내기도 어렵고 의지도 부족해서 결국 아직까지 도전하지는 못했습니다.

　한편으로는 취미로 즐기는 일에 자격증까지 필요할까 싶은 마음도 있었습니다. 자격증을 따기 위해 이론 공부도 하고 실기를 배우면서 베이킹에 대한 더 많은 지식을 얻을 수도 있겠지만, 지금처럼 그때그때 필요한 지식과 노하우를 쌓아가는 재미에 빠져 사는 것도 괜찮을 것 같았습니다.

　그렇게 샀던 제과제빵 책에서 반갑게도 브리오슈를 만났습니다. 제과제빵 자격증을 딸 때 실기시험 메뉴가 바로 브리오슈라더군요. 사람 일은 모르는 법이니, 혹시 언젠가 시험장에서 이 브리오슈를 만들 날이 올지도 모르겠습니다.

# 브리오슈 만들기

## 🔔 재료

강력분 300g, 물 90g, 버터 120g, 설탕 45g, 달걀 90g(1¹/₂개 정도), 인스턴트 드라이이스트 24g, 소금 4.5g, 브랜디 3g, 표면에 바를 우유 약간

## 🥄 만드는 방법

1 147쪽의 식빵 반죽 만드는 법을 참고하여 1차 발효까지 마친 반죽을 준비한다. → 반죽을 50g씩 떼어낸 뒤 동그랗게 만들어 실온에서 15분 간 중간 발효시킨다.
(브랜디는 반죽할 때 물과 함께 넣어주세요.)

2 각 반죽에서 꼭지용으로 쓸 반죽을 조금씩 떼어낸다. → 나머지 반죽은 동그랗게 만들어 브리오슈 틀에 넣어둔다.

3 꼭지용 반죽의 ¹/₃ 지점을 굴려 올챙이 모양으로 만든다.

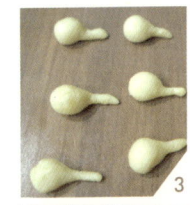

4 손가락에 물을 묻혀 몸통 반죽에 구멍을 낸 뒤 꼭지의 꼬리 부분을 넣고 모양을 잡아준다.
(가운데 부분에 정확히 구멍을 내야 꼭지 부분이 넘어지지 않습니다.)

5 따뜻한 곳에서 40분간 2차 발효시킨 후 표면에 우유를 바르고 굽는다.

## 43

딸에게 선물을 주고 싶은 날

# 소시지빵

큰딸 현서가 초등학교에 입학할 때 소시지빵을 만들어두고 편지를 한 장 썼습니다.

현서야.

내일은 드디어 네가 초등학교에 입학을 하는 날이구나.

너는 지금 이 시간 깊은 잠에 빠져 있지만 아빠는 아빠가 학교에 입학하는 것도 아닌데 잠이 오질 않네. 네가 엄마 뱃속에서 작은 씨앗으로 있을 때 하얀 점처럼 보이던 초음파 사진을 보고 아빠는 신기하기도 하고 설레기도 했단다. 하지만 엄마가 널 가졌을 초기에 조금 안 좋은 일이 있어서 네가 태어나지 못할 수도 있었지. 아빠는 그저 네가 엄마 뱃속에서 열 달을 다 채우고 건강하게 태어나기만을 바랐단다.

그런데 너는 엄마 아빠가 빨리 보고 싶었는지 2.2킬로그램의 몸무게로 5주나 빨리 세상에 나왔지. 작고 여린 네가 태어나자마자 엄마 젖 한 번 빨지도 못하고 곧장 인큐베이터에 들어가야 했을 때도 아빠는 네 건강만 생각했어. 다행히 3년 같던 3주 동안 너는 인큐베이터 속에서 잘 견뎌주었고 어느덧 여덟 살이 되었구나.

네가 내일부터 어엿한 초등학생이 되지만 아빠는 너에 대한 마음이 늘 애틋하고 앞으로도 그럴 것 같아. 아빠가 가끔 무섭게 할 때도 있지만, 아빠의 마음은 다른 딸바보 아빠들과 다르지 않아. 잘 자라주고 있는 너에게 다른 엄마 아빠들처럼 욕심이 생길 때도 있지만 아빠는 네가 건강하다는 그 사실 하나만으로도 너에게 고맙다.

네가 가끔 우유부단한 모습을 보이지만 그건 네가 신중하기 때문이고,

네가 조금 산만해 보이지만 그건 너에게 좋은 기운이 충만하기 때문이고,

네가 책을 많이 보지는 않지만 그건 네게 좋은 운동 신경이라는 다른 재능이 있기 때문이고,

네가 가끔 말을 빨리 하지만 그건 네가 엄마 아빠와 이야기를 하는 것을 즐거워하기 때문이고,

네가 친구들에 비해 덩치는 작지만 그건 네가 안으로 단단하게 자라고 있기 때문이고,

네가 민서랑 다툴 때 늘 밀리지만 그건 네가 이길 수 있는데도 어린 동생을 배려하는 마음 때문이고,

네가 여전히 혼자 집에 있지 못하지만 그건 네가 가족들과 함께 있는 시간을 더 좋아하기 때문이고,

네가 가끔 과도한 승부욕을 보이지만 그건 너에게 그만한 집중력이 있기 때문이란 걸 아빠는 다 안다.

그리고 그런 네가 아빠는 참 좋다.

사랑하는 딸, 입학 축하한다.

난이도 : 상
소요 시간 : 2시간 30분
분량 : 5개
오븐 : 180°, 20분간

# 소시지빵 만들기

## 🍯 재료

소시지 5개, 강력분 200g, 우유 120ml, 버터 30g, 설탕20g, 인스턴트 드라이이스트 4g, 소금 4g, 파슬리가루 약간

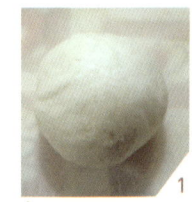

## 🥄 만드는 방법

1 147쪽의 식빵 반죽 만드는 법을 참고하여 1차 발효까지 마친 반죽을 준비한다. → 동그랗게 만든 반죽을 5등분한 뒤 실온에서 15분간 중간 발효시킨다.

2 반죽을 소시지 크기 정도의 직사각형 모양으로 밀어준다. → 반죽 위에 소시지를 올린 후 빈틈이 없도록 잘 감싼다.

3 가위를 이용해서 반죽을 9~10등분한다.
(이때 바닥과 닿은 면의 반죽까지 전부 자르지 않도록 주의하세요.)

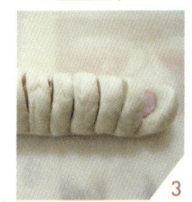

4 자른 반죽을 한 조각씩 옆으로 눕혀주면서 사진과 같은 모양으로 만든다.

5 40분 정도 2차 발효시킨 후 파슬리가루를 뿌리고 굽는다.

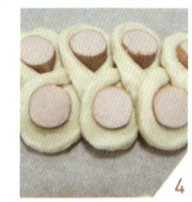

## 44

아무리 먹어도 질리지 않아

## 단팥빵

누구에게든 먹어도 먹어도 물리지 않는 그런 음식이 있을 겁니다. 제게는 팥이 그렇습니다. 팥으로 만든 것은 무엇이든 잘 먹지요. 팥죽, 팥떡, 팥아이스크림, 팥칼국수 등 다 좋아합니다.

그중에서도 제일 자주 먹는 것은 단팥빵입니다. 단팥빵을 한입 베어 물면 보드라운 빵과 함께 어우러진 달콤하고 차진 팥 앙금이 얼마나 맛있는지 모릅니다. 거기에 우유를 곁들이면 더없이 좋지요. 부드러운 우유가 입 속 팥 앙금 사이사이로 스미는 그 맛을 저는 정말 좋아합니다.

사실 단팥빵은 서양에서는 좀처럼 구경하기 힘든 빵입니다. 일본에서 개발된 일본식 빵이 우리나라에 와서 한국식으로 바뀐 것이지요. 단팥빵에는 두 가지 특징이 있습니다. 하나는 가운데가 오목하다는 것이고 또 하나는 그 오목한 부분에 참깨가 뿌려져 있다는 것입니다. 평소에 먹을 때에는 별생각이 없었는데 막상 만들어놓고 나니 왜 그럴까 하는 생각이 들었습니다.

그래서 책을 뒤져 단팥빵에 대해 알아보았답니다. 단팥빵은 일본 메이지 시대에 기무라 야스베에라는 사람이 개발했는데요, 일본에서 최초로 단팥빵을 개발한 기무라는 아직도 긴자에서 영업을 하고 있다고 합니다.

기무라 제과에서는 통단팥을 넣은 빵과 팥 앙금을 넣은 빵 두 가지를 팔 았는데, 겉보기에 구분할 수가 없어 통단팥을 넣은 빵에는 겨자씨를 뿌리고 팥 앙금을 넣은 빵에는 참깨를 뿌려 구분했습니다. 후에 기무라 제과의 단팥빵을 흉 내낸 다른 빵집에서도 참깨를 뿌리면서 관습처럼 굳어진 것이죠.

단팥빵을 일왕에게 바칠 기회가 생긴 기무라는 가장 일본적인 빵을 일왕 에게 만들어주고 싶었고, 왕이 벚꽃 행사에 참석할 때 먹을 것임을 감안하여 일 본 전통음식인 소금에 절인 벚나무 열매를 가운데에 넣은 단팥빵을 만들었습니 다. 그것을 계기로 기무라는 빵을 왕실에 납품하게 되었는데 시중에 파는 단팥 빵과 구별하기 위해 가운데를 오목하게 만들고 역시 소금에 절인 벚나무 열매를 얹었습니다. 나중에는 벚나무 열매는 빠지고 오목한 자국만 남게 되었다고 하네 요. 언젠가 일본에 가면 꼭 단팥빵 한번 먹어봐야겠습니다. (참고 : 『붕어빵에도 족 보가 있다』, 윤덕노, 청보리)

# 단팥빵 만들기

## 👹 재료

팥 앙금 400g, 강력분 330g, 물 180ml, 버터 25g, 설탕 35g, 달걀 1개, 인스턴트 드라이이스트 8g, 소금 5g, 통깨 약간, 표면에 바를 우유 약간
(모든 재료는 미리 실온에 꺼내 준비해주세요.)

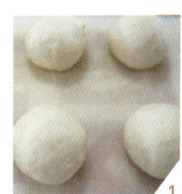

## 🥄 만드는 방법

1. 147쪽의 식빵 반죽 만드는 법을 참고하여 1차 발효까지 마친 반죽을 준비한다. → 반죽을 손으로 눌러 가스를 빼고 8등분한다. → 동그랗게 정리한 반죽을 랩으로 씌워 실온에서 15분 정도 중간 발효시킨다.

2. 반죽을 손으로 펴고 가운데를 오목하게 만들어준 뒤 팥 앙금을 50g 정도 넣는다.

3. 왼손에 반죽을 얹고 오른손으로 반죽을 돌려가면서 꼬집듯이 반죽을 오므려준다. → 손바닥으로 눌러 도톰하게 만든 뒤 따뜻한 곳에 두고 40분 정도 2차 발효시킨다.

4. 빵의 가운데를 눌러서 오목하게 만든다. → 윗부분에 붓으로 우유를 바르고 통깨를 살짝 뿌린 뒤 굽는다.

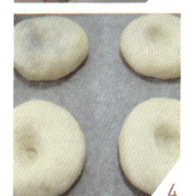

## 🧤 Tip

팥 앙금을 넣고 반죽을 오므릴 때 가운데 부분이 안으로 많이 말려들어가지 않도록 주의합니다. 바깥쪽 부분을 너무 많이 당겨서 오므리면 굽고 난 뒤 안쪽의 빵이 너무 두꺼워지거든요.

## 45

계피향의 추억이 새록새록

# 시나몬롤

대학교 때 한창 유행했던 '시나본'이라는 체인점이 있었습니다. 시나몬롤을 파는 가게였는데요, 부족한 주머니 사정에도 마음껏 용돈을 투자한 곳은 다름아닌 바로 이곳이었습니다.

학교 구내식당의 라면 값이 1,000원도 안 되던 시절이었지만 유난히 계피향을 좋아했던 저에게 시나몬롤은 5,000원이라는 거금을 들여도 아깝지 않은 소중한 간식이었지요. 부드러운 롤 위에 계피가루가 시럽과 함께 듬뿍 둘러싸여 있고 하얗고 달콤한 아이싱이 먹음직스럽게 올려진 그 모양은 정말 먹음직스러웠습니다.

일부러 종로까지 버스를 타고 나가서 사 먹을 정도로 시나몬롤을 좋아했던 저를, 지금은 아내가 된 당시의 여자친구는 영 못마땅하게 생각했습니다. 계피향을 좋아하지도 않았지만, 가난한 시골 유학생이 라면을 다섯 그릇 먹을 수있는 돈으로 주먹만 한 빵 하나를 사 먹는 게 마음에 내키지 않았나봅니다.

하지만 어쩌겠습니까? 계피향이 향긋한 매장 안에서 보드랍고 촉촉하면서도 달콤한 시나몬롤을 먹는 것은 정말 행복했습니다. 한때 열광적인 사랑을 받던 시나몬롤 전문점은 어느새 하나둘씩 없어지더니 지금은 거의 찾아보기도 어렵게 되었습니다. 시나몬롤 애호가로서는 안타깝기 짝이 없었습니다.

지금은 시나몬롤보다 더 맛있는 음식도 많이 알게 되었고 주변에 맛있는 음식들이 넘쳐나니 일부러 시나몬롤을 찾아다니지는 않지만 가끔은 그때 그렇게 타박을 받아가면서 먹던 시나몬롤이 생각납니다.

베이킹을 하면서 좋은 점이 있다면 빵집에서 쉽게 구하기 어려운 빵들을 마음대로 만들 수 있다는 것이겠지요. 물론 모양과 맛을 보장하긴 어렵지만요. 베이킹을 처음 시작했을 때 무모하게 도전했다가 몇 번 실패하긴 했지만 그래도 저만의 시나몬롤을 만들어 먹을 수 있어서 행복합니다.

# 시나몬롤 만들기

## 🍯 재료

**반죽** : 강력분 330g, 우유 200ml, 버터 25g, 설탕 35g, 달걀 1개, 인스턴트 드라이이스트 8g, 소금 5g

**소** : 버터 40g, 흑설탕 110g, 계피가루 2¹/₂큰술

## 🥄 만드는 방법

1 실온에 둔 버터와 흑설탕, 계피가루를 잘 섞어 소를 준비한다.

2 147쪽의 식빵 반죽 만드는 법을 참고하여 중간 발효까지 마친 반죽을 준비한다. → 반죽을 반으로 나누어 각각 가로 세로 약 40cm 정도 크기로 얇게 밀어준다.

3 반죽 위에 소를 골고루 펴 바른 뒤 끝에서부터 돌돌 말아준다. → 끝부분이 터지지 않도록 이음새를 잘 마무리한다.

4 5cm 높이로 실을 이용해서 자른다.
(칼로 잘라도 되지만 실을 이용하면 훨씬 더 깨끗하게 잘립니다.)

5 머핀 틀에 유산지를 깔고 자른 반죽을 넣는다. → 젖은 면보나 비닐을 덮고 약 30분간 2차 발효시킨 후 굽는다.
(머핀 틀이 없으면 유산지를 간 오븐 팬 위에 그대로 올려 구워도 됩니다.)

## 46

마음마저 따뜻해지는 길거리 간식
# 중국식 호떡

　　퇴근길, 마을버스를 타기 위해 줄을 서 있던 목동역 5번 출구 앞에는 언제나 중국식 호떡을 파는 포장마차가 하나 있었습니다. 두 사람이 서 있기에도 좁을 만큼 아담했던 그 포장마차에는 늘 분주하게 호떡을 빚는 소리와 향긋한 계피향이 가득했지요.

　　중년의 부부가 운영하는 가게에서 남편은 호떡을 빚고 아내는 팔았습니다. 집에서 정성스럽게 발효시켰을 반죽은 호떡 하나 분량씩 나뉘어 동그랗게 준비되어 있었지요. 반죽을 돌려가며 숟가락으로 두어 번 눌러주면 반죽은 오목한 그릇 모양으로 순식간에 바뀌었습니다. 홈 안에 흑설탕과 계피가루가 알맞은 비율로 배합된 소를 한 숟가락 푸짐하게 눌러 넣고 반죽의 가장자리를 오므려주면 흑설탕 소를 가득 품은 반죽은 다시 동그란 모양으로 돌아옵니다.

　　바닥에 들러붙지 않도록 덧가루를 뿌린 나무 작업대 위에 반죽을 올려놓고 주인아저씨는 말 한마디 없이 반죽을 돌려가면서 나무 밀대로 얇고 납작하게 밀었습니다. 반죽은 호떡 굽는 틀 크기에 정확하게 들어맞았고 두꺼운 쇠로 만든 뚜껑을 철컥하고 닫으면 그때부터 호떡 굽기가 시작되었지요. 몇 분쯤 지나 틀에서 계피향이 하얀 김과 솔솔 새어나오기 시작하면 쇠꼬챙이로 틀을 반 바퀴 돌려주고 다시 몇 분을 기다렸다 뚜껑을 엽니다. 납작하고 하얗던 반죽은 한껏 부풀어 오른 노릇한 중국식 호떡으로 변해 있었지요.

중국식 호떡이 제일 맛있을 때는 갓 구워낸 바로 그 순간, 최고로 바삭할 때입니다. 갓 구운 호떡은 너무도 바삭한 나머지 한입 베어 물면 작은 조각 한두 개가 바스러져 바닥으로 떨어지는 바람에 늘 마음을 안타깝게 했습니다. 반죽 속에서 한껏 숨을 죽이고 있다가 마치 마법의 봉인이 풀린 것처럼 깨진 호떡 조각 사이로 풍겨 나오던 계피와 흑설탕 향은 정말 좋았지요.

그때 그 목동역 5번 출구에서 향긋하고 달콤한 중국식 호떡으로 저의 하루를 위로해주던 그 부부는 말을 못하는 분들이었습니다. 말없이 무뚝뚝하게 주문을 받아 호떡을 건네주고 잔돈을 거슬러줘서 처음에는 참 불친절한 사람도 다 있다 싶었는데, 두 분이 수화로 대화를 나누는 것을 보고서야 사정을 알고 어찌나 죄송스럽던지요.

말을 하지 않아도 눈빛과 손짓으로 묵묵하고 다정하게 일하던 그분들, 지금은 그 자리에 안 계시지만 여전히 어디에선가 또 누군가의 지친 하루를 위로해주고 계시겠지요?

# 중국식 호떡 만들기

## 🎍 재료

**반죽** : 강력분 300g, 우유 150ml, 버터 20g, 설탕 30g, 달걀 1개, 인스턴트 드라이이스트 6g, 소금 5g

**소** : 흑설탕 60g, 계피가루 2큰술

## 🥄 만드는 방법

1 147쪽의 식빵 반죽 만드는 법을 참고하여 중간 발효까지 마친 반죽을 준비한다. → 반죽은 9~10등분하여 동그랗게 만들어둔다.

2 반죽의 가운데를 눌러 오목하게 만든 뒤 흑설탕과 계피가루를 섞은 소를 듬뿍 넣는다. → 가장자리를 끌어당기면서 꼬집듯이 반죽을 오므린다.

3 덧가루를 충분히 뿌린 작업대 위에 반죽을 놓고 밀대로 얇고 납작하게 밀어준다. → 겉이 부풀어 오르고 노릇해질 때까지 굽는다.

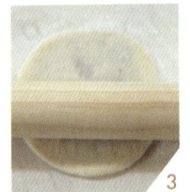

■ **47** ■
이름만 들어도 행복한
## 소 보 로 빵

    입맛이 까다로운 데다가 음식 취향이 전혀 다른 아내와 사는 남편은 어떤 기분일까요? 저는 양식을 좋아하고 느끼한 음식을 잘 먹지만 아내는 순수한 한국 혈통이라며 한식을 매우 좋아합니다. 가끔씩 솜씨를 뽐내기 위해서 만드는 서양요리에도 아내는 그다지 후한 평가를 해주지 않지요. 모양이나 맛은 둘째 치고 일단 본인의 입맛에 맞지 않기 때문입니다.

    사실 한식이 양식보다 손이 더 많이 가는 경우가 많아서 주말 요리로는 한식을 잘 하지 않는 편이라 요리를 할 때 아내에게 칭찬을 받는 일은 흔치 않습니다. 게다가 시크하면서도 냉담함까지 갖춘 아내는 맛있다는 표현도 잘 하지 않지요. 가끔 놀러 오는 친구인 H는 제 요리에 대해 늘 맛있다는 말을 해주는데 정작 아내가 날려주는 최고의 찬사는 "괜찮네" 정도입니다.

    그런 아내가 유독 좋아하는 빵이 있는데요, 바로 소보로빵입니다. 정확히 말하면 소보로빵이 아니라 소보로빵 위에 올려진 비스킷 가루를 좋아하는 것입니다. 그 비스킷 가루를 먹기 위해 소보로빵을 먹는다 해도 과언이 아니지요.

    바삭한 식감과 달달한 맛이 아내는 어릴 적부터 그렇게 좋았다고 합니다.

소보로빵을 만들어주면 어떤 때는 윗부분만 싹 뜯어 먹을 때도 있습니다. 집안 형편이 넉넉하지 못해 소박한 소보로빵 하나 먹는 것도 사치였다는 아내는 어렸을 때부터 그 맛이 그렇게 좋았다고 하네요.

아내가 좋아하는 것을 만들어줄 수 있는 것도 행복이다 싶어, 한 번은 소보로만 과자처럼 잔뜩 만들어주기도 했습니다. 처음에는 매우 좋아하면서 몇 점 집어 먹더니 이내 손을 거두어버리더군요. 소보로는 역시 빵 위에 붙어 있는 걸 뜯어 먹어야 제 맛이라나요.

일본에서 맨 처음 만들어졌다는 소보로빵은 우리나라에서는 곰보빵이라고 불리기도 하는데, 재미있게도 정작 일본에서는 멜론빵으로 불린다고 합니다. 일본 말로 소보로는 빵과는 전혀 관계없는 고기가루나 생선가루를 뜻한다고 하는데요, 정작 일본에서는 부르지 않는 소보로빵이라는 말이 어쩌다 우리나라에서 쓰이게 되었는지 그저 신기할 따름입니다.

| 난이도 : 상 |
| 소요 시간 : 2시간 |
| 분량 : 5개 |
| 오븐 : 180°, 20분 |

# 소보로빵 만들기

## 🐮재료

**반죽** : 강력분 200g, 우유 120ml, 버터 30g, 설탕20g, 인스턴트 드라이이스트 4g, 소금 4g

**소보로** : 박력분 80g, 버터 50g, 설탕 40g, 달걀 1개 노른자만, 베이킹파우더 ¼작은술, 소금 2g

## 🥄만드는 방법

1 소보로를 만들 재료를 준비한다. 실온에 둔 버터를 풀어준 뒤 설탕을 넣고 서걱거리는 소리가 사라질 때까지 섞는다. → 달걀노른자를 넣고 거품기로 잘 섞는다.

2 체 친 박력분, 베이킹파우더, 소금을 넣고 거품기로 대강 섞는다.

3 손으로 살살 비벼주면서 포슬포슬하게 소보로를 만들어둔다.

4 147쪽의 식빵 반죽 만드는 법을 참고하여 1차 발효까지 마친 반죽을 준비한다 → 반죽을 5등분한 뒤 동그랗게 만들어 실온에서 15분간 중간 발효시킨다.

5 소보로를 작업대 위에 촘촘하게 깐 후 빵 반죽을 올린다. → 손으로 눌러 소보로를 반죽에 잘 얹은 뒤 굽는다.

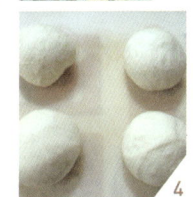

쫄깃 촉촉 씹을수록 고소한
# 바게트

제가 바게트를 처음 만난 것은 대학생 시절 유럽 배낭여행을 떠났을 때였습니다. 당시만 해도 바게트는 우리나라에서 그렇게 보편적인 빵은 아니었지요. 달콤하고 부드러운 빵이 마냥 좋았던 그 어린 시절에는 모양도 길쭉하고 딱딱하고 질긴, 빵 같지도 않은 빵을 맛있게 먹는 사람이 신기하게만 보였답니다.

자는 것, 먹는 것 하나에도 푼돈을 아끼고 아껴야 하는 것은 예나 지금이나 배낭여행자의 숙명이지요. 유럽은 먹을거리 천국이지만 가난한 배낭여행자의 배를 채워주는 것은 햄버거나 샌드위치 정도였고, 제대로 된 식당에 가서 거하게 먹는 것은 어쩌다 한 번 하는 호사였습니다.

샌드위치라고 하면 네모난 식빵으로 만드는 것이 전부인 줄 알았던 저는 그 딱딱하고 질긴 빵 사이에 갖가지 재료를 넣어 먹는 바게트 샌드위치가 정말 신기했습니다. 안 들어가는 게 없더군요. 토마토, 양상추, 햄, 치즈, 달걀 프라이, 닭고기, 돼지고기, 소고기, 참치 등등. 바게트가 밥이면 그 안에 들어가는 재료는 반찬 같은 것이었습니다. 특별한 소스를 뿌리지도 않는데 바게트 샌드위치는 신기할 정도로 맛있었습니다.

그것이 정말 맛있는 것이었는지 아니면 배낭여행자의 허기와 신기한 문

물에 대한 호기심 때문이었는지는 알 수 없지만, 지금도 배낭여행 하면 가장 많이 떠오르는 장면은 바게트를 먹는 순간입니다. 배낭여행 사진을 정리하다 보니 신기한 바게트 샌드위치를 먹는 사진이 꽤 많더라고요.

그때를 추억하면서 바게트를 만들어봅니다. 들어가는 재료라고는 밀가루, 이스트, 소금, 물 정도로 소박하지만 막상 만들어보면 그리 만만하지만은 않습니다. 반죽의 섬성에도 신경을 써야 하고 발효도 잘해야 하고 특히 오븐에 스팀을 주어 굽는 일도 쉬운 일은 아닙니다. 아직 전문가의 솜씨를 따라갈 수는 없지만 스스로 만들었다는 데 점수를 주고 싶습니다.

잘 구워진 바게트를 오븐에서 꺼내놓으면 크랙이 생기면서 타닥타닥 하는 경쾌한 소리가 납니다. 빵을 만들면서 이처럼 기분 좋은 소리가 있을까 싶을 정도지요. 다른 첨가물 없이 밀가루와 소금, 이스트로만 만들어져 씹을수록 고소한 맛이 나는 바게트는 꼭 만들어보라고 추천하고 싶습니다.

난이도 : 상
소요 시간 : 2시간 30분
분량 : 2개
오븐 : 200°, 25분

# 바게트 만들기

## 🎀 재료

강력분 140g, 박력분 60g, 물 130g, 이스트 2g, 소금 4g, 표면에 뿌려줄
물 · 밀가루 약간
(모든 재료는 미리 실온에 꺼내 준비해주세요.)

## 🥄 만드는 방법

1  147쪽의 식빵 반죽 만드는 법을 참고하여 1차 발효까지 마친 반죽을
   준비한다. → 반죽을 반으로 나누어 동그랗게 만든 후 젖은 면보나 랩
   을 씌워 실온에서 15분 정도 중간 발효시킨다.

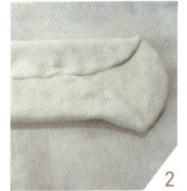

2  각 반죽을 길쭉한 타원형으로 밀어준다. → 반죽을 옆으로 길게 놓고
   사진처럼 위아래로 한 번씩 접어준다.

3  반죽을 긴 원통형으로 돌돌 말아준 뒤 양끝을 뾰족하게 만든다. → 따
   뜻한 곳에 두고 약 40분간 2차 발효시킨다.

4  반죽에 칼집을 넣고 겉에 스프레이로 물을 2~3회 뿌려준다. → 반죽이
   수분을 머금으면 체를 이용해 밀가루를 뿌려준다.

5  내열 용기에 물을 담아 오븐에 넣고 220°까지 예열한다. → 예열이 끝
   나면 오븐 안에 스프레이로 물을 뿌려 200°로 온도를 낮춘 후 반죽을
   넣고 굽는다.

## 🧇 Tip

겉이 바삭한 바게트를 만들기 위해 꼭 필요한 것이 반죽의 표면에 수
분을 주는 일입니다. 물을 머금은 반죽은 오븐에서 구워지는 동안 수
분을 빼앗기며 단단해지지요. 오븐 안에 물을 뿌리면 온도가 내려가는
것을 감안해서 빵을 굽는 온도보다 더 높게 예열해야 합니다.

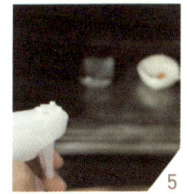

━━ 49 ━━
신선한 향과 색이 살아 있는
## 토마토빵

샐러드와 파스타를 자주 만들어 먹는 저희 집에는 늘 토마토나 토마토소스가 준비되어 있습니다. 캔에 들어 있는 토마토소스를 사다 쓰는 것이 제일 편하긴 하지만 요리를 자주 하다 보면 소스를 직접 만들고 싶기도 합니다. 설령 공장에서 만들어진 소스가 직접 만든 소스보다 훨씬 더 맛있다 할지라도 말이지요.

직접 만드는 토마토소스에는 제법 많은 양의 토마토가 들어갑니다. 경제적으로만 따져보자면 토마토소스를 만들겠다고 그 비싼 토마토를 잔뜩 사는 것은 좀 무모해 보이기도 합니다. 캔에 든 소스를 사는 것이 훨씬 더 경제적이지요. 하지만 음식에는 경제적인 가치와 혀끝에서 느껴지는 맛만 담겨 있는 것은 아니니까요. 직접 만든 소스에는 아빠의 정성이 듬뿍 들어갑니다.

사실 직접 토마토소스를 만들 수 있는 것은 순전히 부모님의 참외 농장 바로 옆에 토마토 농장이 있기 때문입니다. 가끔 시골에 내려갈 때마다 아버지께서 참외를 주고 바꿔 온 토마토를 한 상자씩 가져옵니다. 저장 기간이 그다지 길지 않은 토마토를 활용하는 가장 좋은 방법은 바로 소스를 만드는 것이지요.

토마토소스를 집에서 만들려면 여간 많은 수고가 들어가는 것이 아닙니다. 토마토 꼭지를 따내고 윗부분에 열십자로 칼집을 낸 다음 끓는 물에 토마토를 데칩니다. 그리고 껍질을 손으로 다 벗겨줘야 합니다. 토마토씨는 쓴맛이 강해서 소스와는 잘 어울리지 않기 때문에 빼내야 하지요. 일일이 토마토를 잘라가면서 씨를 분리할 수도 있지만 그러자면 꽤나 번거롭기 때문에 믹서기나 푸드프로세서로 토마토를 곱게 간 다음 체로 씨를 걸러냅니다. 그리고 토마토 과육만 냄비에 넣고 중불에서 뭉근하게 1/3 정도로 줄어들 때까지 천천히 졸여줍니다.

이 과정을 거쳐야 걸쭉한 토마토소스가 완성됩니다. 이렇게 만든 토마토소스는 냉동실에 얼려두었다가 토마토 파스타나 토마토 수프를 만들 때 사용하면 좋습니다.

토마토로는 늘 소스만 만들다가 이번에는 토마토빵을 한번 만들어보았습니다. 신선한 토마토향이 한껏 스며든 토마토빵은 정말 기대 이상입니다.

# 토마토빵 만들기

## 🥄 재료

토마토 간 것 200ml, 강력분 330g, 버터 40g, 설탕 40g, 인스턴트 드라이
이스트 8g, 소금 5g
(모든 재료는 미리 실온에 꺼내 준비해주세요.)

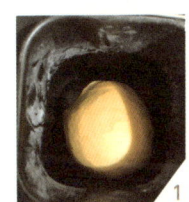

## 🥄 만드는 방법

1 제빵기에 토마토 간 것, 강력분을 순서대로 넣는다. → 밀가루 위에 홈
을 판 뒤 설탕, 인스턴트 드라이이스트, 소금을 서로 닿지 않도록 넣고
주변의 밀가루로 덮어준다. → 버터를 넣고 제빵기를 반죽 모드로 설정
한 뒤 1차 발효까지 마친다.

2 반죽을 손으로 눌러 가스를 제거한 뒤 6등분한다.

3 각 반죽을 약 30cm 길이로 도톰하게 늘려준다. → 3줄씩 모아 한쪽 끝
부분을 뭉친 후 땋아주고 다른 쪽 끝부분도 뭉쳐 마무리한다.

4 유산지를 깐 팬에 올려 비닐로 덮고 약 40분간 2차 발효시킨 후 굽는다.

## 🌽 Tip ••••••••••••••••••••••••••••••••

제빵기가 없으면 147쪽의 식빵 반죽 만드는 법을 참고하여 반죽을 준
비합니다.

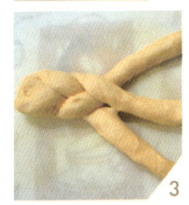

**■━ 50 ━■**
본토의 맛을 그대로
# 크루아상

　　9년을 연애하고 결혼한 우리 부부는 해변이 있는 휴양지보다는 뭔가 의미 있는 신혼여행을 다녀오자고 이야기하고는 했습니다. 그래서 미술을 좋아하고 유럽은 한 번도 못 가본 아내를 위해 3박 5일의 무모한 일정으로 파리, 암스테르담 미술관 여행을 떠났지요.

　　12시간을 훨훨 날아 먼저 도착한 곳은 프랑스 파리였습니다. 그곳에서 아내와 함께한 첫 번째 식사는 에펠탑 근처의 작은 호텔에서 먹은 조식 뷔페였습니다. 커피와 우유, 몇 가지 과일, 달걀, 치즈, 빵 등으로 소박하게 준비되어 있었는데, 다양한 종류의 빵이 하나같이 다 맛있었고 특히나 크루아상의 맛이 예술이었습니다.

　　이렇게 부드럽고 고소하면서도 바삭한 빵이 있었다니. 이렇게 맛있는 크루아상과 바게트를 하나씩만 먹는다는 건 본토에서 만난 원조 빵에 대한 예의가 아니라는 눈짓을 교환한 우리 부부는 빵과 우유를 허겁지겁 먹느라 현지인들의 시선 따위는 아랑곳할 겨를이 없었습니다.

　　주변의 시선이 느껴져 돌아보니 놀랍게도 현지인들은 에스프레소와(그때는 저렇게 작은 잔에 뭘 마시는 걸까 궁금했는데 지금 생각해보니 그게 바로 에스프레소였네요) 크루아상 한 조각, 요거트 하나, 과일 한 조각 정도만 먹고 있었습니다. 체구도 작은 동양 애(!)들이 이른 아침부터 거한 식사를 하는 것이 그렇게 신기했나봅니다. 지금 생각해보면 얼굴이 좀 화끈거리는 일이었지만 무식해서 더 용감했던 신혼부부는 크루아상 하나만큼은 아주 제대로 맛보고 왔답니다.

홈베이커가 되고 나서 여러 가지 빵에 단계별로 도전했는데, 크루아상은 나름대로 내공을 쌓은 뒤 도전했음에도 숱한 좌절을 안겨준 빵입니다. 시간도 오래 걸리고 작업 방식도 복잡하지요. 두 번의 처참한 실패 끝에 세 번째 도전 만에 겨우 완성을 했는데요, 자그마치 새벽 1시 30분에 제대로 모양이 난 크루아상을 오븐에서 꺼낼 때의 그 감격을 짐작할 수 있으신가요? 그 밤에 저 혼자 괜히 울컥했다니까요.

<table>
<tr><td>난이도 : 상</td></tr>
<tr><td>소요 시간 : 4시간</td></tr>
<tr><td>분량 : 15개</td></tr>
<tr><td>오븐 : 200°, 15분</td></tr>
</table>

## 크루아상 만들기

### 🥣 재료

**반죽** : 강력분 250g, 박력분 50g, 물 150ml, 버터 25g, 설탕 30g, 달걀 1개, 인스턴트 드라이이스트 6g, 소금 약간

**기타** : 충전용 버터 150g, 달걀물용 달걀 1개
(모든 재료는 미리 실온에 꺼내 준비하고 물은 미지근한 상태로 준비합니다.)

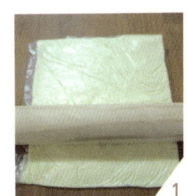

### 🥄 만드는 방법

1 충전용 버터를 비닐 팩에 넣어 사방 20cm 크기로 밀어준 뒤 냉장실에 넣어둔다.

2 147쪽의 식빵 반죽 만드는 법을 참고하여 중간 발효까지 마친 반죽을 준비한다. → 충전용 버터를 감쌀 수 있을 정도의 크기로 반죽을 밀어 준다. → 반죽으로 버터를 감싼 뒤 이음새를 꼼꼼하게 붙여준다.

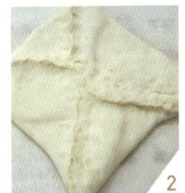

3 가로세로 2대 1의 비율로 반죽을 밀어준 뒤 2번 접는다(삼절 접기). → 반죽을 비닐 팩에 넣어서 30분간 냉동한다. → 이 과정을 3회 반복한다.

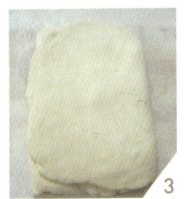

4 반죽을 밀대로 중간중간 꾹꾹 눌러주면서 편 뒤 두께 4~5mm의 직사 각형으로 밀어준다. → 가로 10cm, 높이 20cm 정도의 이등변삼각형 모양으로 반죽을 자른다. → 삼각형의 밑 부분에 칼집을 살짝 낸 뒤 돌돌 말아준다. → 끝이 풀리지 않도록 잘 붙여준다.

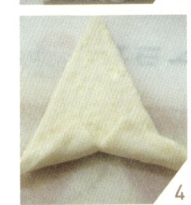

5 유산지를 깐 팬에 반죽을 올려 약 40분간 2차 발효시킨다. → 반죽 표면에 달걀과 물을 3대 1로 희석한 달걀물을 발라준 뒤 굽는다.

### 🌽 Tip

크루아상을 만들 때는 버터가 녹지 않도록 주의해야 합니다. 도중에 버터가 녹으면 냉동실에 넣어 굳힌 뒤 다시 작업하는 것이 좋습니다.

국립중앙도서관 출판시도서목록(CIP)

만만한 집 빵 / 지은이: 박호근. — 고양 : 위즈덤하우스,
2014
    p. ;   cm

ISBN  978-89-98010-26-3 13590 : ₩14000

빵 굽기
제빵[製─]

594.71–KDC5
641.815–DDC21                    CIP2014009266

# 만만한 집 빵

초판 1쇄 발행 2014년 4월 10일  초판 2쇄 발행 2014년 5월 9일

지은이 박호근
펴낸이 연준혁

출판 7분사 분사장 김은주
편집 최은하  디자인 조은덕
제작 이재승

펴낸곳 (주)위즈덤하우스  출판등록 2000년 5월 23일 제13-1071호
주소 (410-380) 경기도 고양시 일산동구 정발산로 43-20 센트럴프라자 6층
전화 (031)936-4000  팩스 (031)903-3891
홈페이지 www.wisdomhouse.co.kr  전자우편 yedam1@wisdomhouse.co.kr
종이 월드페이퍼  인쇄·제본 (주)현문  후가공 이지앤비

ⓒ 박호근, 2014  ISBN 978-89-98010-26-3  13590
값 14,000원